国防科技大学建校70周年系列著作

北太平洋风暴轴与黑潮延伸体海温的相互作用

钟 中 姚 瑶 罗德海 等 著

科学出版社

北 京

内 容 简 介

黑潮是沿着北太平洋西部边缘向北流动的一支强西边界海流，其在日本岛以东的续流部分被称为黑潮延伸体。黑潮延伸体上方的北太平洋中纬度大气中存在一条约呈东西向的气旋和反气旋活动活跃带，称为"北太平洋风暴轴"。北太平洋风暴轴与黑潮延伸体海温存在紧密的相互作用关系，在中纬度海气耦合过程中发挥重要作用。本书包括以下内容：首先，阐述了北太平洋天气尺度涡旋及风暴轴的分类和发展机制；其次，阐述了黑潮延伸体海温多尺度变化机制及其影响；最后，阐述了北太平洋风暴轴与中纬度海洋锋耦合关系的季节变化特征，揭示了风暴轴与海洋锋的相互作用机制，评估了数值模式对风暴轴及其与海洋锋关系的模拟能力，并预估了未来全球变暖背景下两者关系的变化。

本书可供大气科学、海洋科学及其他相关专业的科研人员、高校教师和研究生阅读参考。

审图号：GS 京（2023）1684 号

图书在版编目（CIP）数据

北太平洋风暴轴与黑潮延伸体海温的相互作用 / 钟中等著. —北京：科学出版社，2023.9

ISBN 978-7-03-076395-2

Ⅰ. ①北… Ⅱ. ①钟… Ⅲ. ①北太平洋–风暴–关系–黑潮–海温异常 Ⅳ. ①P425.5②P731.11

中国国家版本馆 CIP 数据核字（2023）第 175265 号

责任编辑：朱 瑾 白 雪 习慧丽 / 责任校对：郑金红
责任印制：肖 兴 / 封面设计：无极书装

科学出版社 出版
北京东黄城根北街 16 号
邮政编码：100717
http://www.sciencep.com

北京中科印刷有限公司 印刷

科学出版社发行 各地新华书店经销
*
2023 年 9 月第 一 版 开本：720×1000 1/16
2023 年 9 月第一次印刷 印张：14 3/4
字数：300 000

定价：228.00 元
（如有印装质量问题，我社负责调换）

著 者 名 单

钟　中　姚　瑶　罗德海

张　潮　夏淋淋　哈　瑶

总　　序

国防科技大学从 1953 年创办的著名"哈军工"一路走来，到今年正好建校 70 周年，也是习主席亲临学校视察 10 周年。

七十载栉风沐雨，学校初心如炬、使命如磐，始终以强军兴国为己任，奋战在国防和军队现代化建设最前沿，引领我国军事高等教育和国防科技创新发展。坚持为党育人、为国育才、为军铸将，形成了"以工为主、理工军管文结合、加强基础、落实到工"的综合性学科专业体系，培养了一大批高素质新型军事人才。坚持勇攀高峰、攻坚克难、自主创新，突破了一系列关键核心技术，取得了以天河、北斗、高超、激光等为代表的一大批自主创新成果。

新时代的十年间，学校更是踔厉奋发、勇毅前行，不负党中央、中央军委和习主席的亲切关怀和殷切期盼，当好新型军事人才培养的领头骨干、高水平科技自立自强的战略力量、国防和军队现代化建设的改革先锋。

值此之年，学校以"为军向战、奋进一流"为主题，策划举办一系列具有时代特征、军校特色的学术活动。为提升学术品位、扩大学术影响，我们面向全校科技人员征集遴选了一批优秀学术著作，拟以"国防科技大学迎接建校 70 周年系列学术著作"名义出版。该系列著作成果来源于国防自主创新一线，是紧跟世界军事科技发展潮流取得的原创性、引领性成果，充分体现了学校应用引导的基础研究与基础支撑的技术创新相结合的科研学术特色，希望能为传播先进文化、推动科技创新、促进合作交流提供支撑和贡献力量。

在此，我代表全校师生衷心感谢社会各界人士对学校建设发展的大力支持！期待在世界一流高等教育院校奋斗路上，有您一如既往的关心和帮助！期待在国防和军队现代化建设征程中，与您携手同行、共赴未来！

国防科技大学校长

2023 年 6 月

前　言

大尺度海气相互作用是理解和预测全球气候变率的关键。目前，以厄尔尼诺-南方涛动（El Niño-southern oscillation，ENSO）为代表的热带海气相互作用理论已经发展得较为成熟，热带海气相互作用被认为是全球气候系统年际变率的主要原因。相对而言，中纬度海气相互作用的理论研究发展得较为滞后，早年的大多数研究认为中纬度海洋总是被动地响应大气强迫，但后来的研究发现中纬度海洋也能够对大气产生影响，并非只有被动响应，并且认为中纬度海气相互作用是年代际气候变率形成的主要原因。随着年代际气候变率研究成为国际气候变化研究的重要领域，中纬度海气相互作用成为气候变化研究的前沿课题。

黑潮是沿着北太平洋西部边缘向北流动的一支强西边界海流，它具有温度高、盐度高、流速快、流量大、厚度大和流幅窄等特征。黑潮从北赤道发源，流经菲律宾群岛，在中国台湾东侧进入东海，之后经琉球群岛，再沿日本岛南部向东流去，其在日本岛以东的续流部分被称为黑潮延伸体。黑潮延伸体上方的北太平洋中纬度大气中存在一条大致呈东西向的气旋和反气旋活动活跃带，称为"北太平洋风暴轴"。北太平洋风暴轴的位置和强度受其下方的黑潮延伸体海表温度分布的制约，同时风暴轴也能通过海表风应力对黑潮延伸体海温分布产生影响。因此，北太平洋风暴轴与黑潮延伸体海温之间存在相互作用，并且两者的相互作用发生在多种时空尺度上，本书主要研究北太平洋风暴轴与黑潮延伸体海温的相互作用关系。

本书内容取材于作者十多年来对北太平洋风暴轴和黑潮延伸体海温相互作用方面的研究成果，全书共 10 章。第 1 章介绍了国内外对黑潮延伸体和北太平洋风暴轴活动规律及其耦合关系的研究现状；第 2 章和第 3 章介绍了构成北太平洋风暴轴的天气尺度涡旋的分类以及相应的风暴轴分类，揭示了天气尺度涡旋和风暴轴的发展机制，并说明了西北太平洋热带气旋活动对风暴轴的影响；第 4 章阐述了黑潮延伸体海温多尺度变化与海洋锋结构及其对行星尺度遥相关型的影响；第 5 章和第 6 章研究了北太平洋风暴轴与黑潮延伸体海洋锋强度和位置在季节尺度上的变化关系，并揭示了海洋锋对风暴轴变化的季节响应特征；第 7 章和第 8 章利用数值模式研究了风暴轴对黑潮延伸体海温分布的响应特征，并揭示了风暴轴对中尺度海温响应的动力学和热力学过程；第 9 章研究了高分辨率大气模式和海气耦合模式模拟风暴轴的差异及原因；第 10 章评估了 CMIP5 模式对黑潮延伸体海洋锋和风暴轴关系的模拟能力，并对全球变暖背景下两者关系的未来变化进行了预估。

本书第 1 章由钟中和姚瑶撰写，第 2 章由夏淋淋撰写，第 3 章由夏淋淋和哈瑶撰写，第 4 章由罗德海撰写，第 5 章至第 7 章、第 10 章由姚瑶和钟中撰写，第 8 章和第 9 章由张潮撰写，全书由钟中统稿。

本书研究工作和出版得到了国家自然科学基金（41490642，42005025）、国防科技大学科研计划项目（ZK20-34）和江苏省气候变化协同创新中心的共同资助，本书的出版还得到了国防科技大学建校 70 周年系列著作出版经费的资助。

著 者

2023 年 1 月

目　　录

第 1 章 绪 论

大尺度海气相互作用是理解和预测全球气候变率的关键。目前,以厄尔尼诺-南方涛动(El Niño-southern oscillation,ENSO)为代表的热带海气相互作用理论已经发展得较为成熟,热带海气相互作用被认为是造成全球气候系统年际变率的主要原因(Bjerknes,1966,1969)。相比之下,中纬度海气相互作用的理论研究发展得较为滞后,早年的大多数研究认为中纬度海洋总是被动地响应大气强迫,后来的研究发现中纬度海洋也能够对大气产生影响,并非只有被动响应(Latif and Barnett,1994,1996),并且中纬度海气相互作用是年代际气候变率形成的主要原因(Fang and Yang,2011,2016)。

黑潮是沿着北太平洋西部边缘向北流动的一支强西边界海流,它具有温度高、盐度高、流速快、流量大、厚度大和流幅窄等特征。黑潮从北赤道发源,流经菲律宾群岛,在中国台湾东侧进入东海,之后经琉球群岛,再沿日本岛南部向东流去,其在日本岛以东的续流部分被称为黑潮延伸体(Kuroshio Extension,KE)。

KE 是北太平洋西边界流系统的重要组成部分,该区域是海洋和大气动力过程最活跃的区域,具有独特的海气相互作用过程,也是影响整个太平洋乃至全球气候变化的关键区域。Wu 等(2012)发现在全球变暖背景下,过去百年来全球升温最显著的区域主要集中在西边界流区,而在太平洋升温最显著的是黑潮及其延伸体流经海区,尤其是近几十年该区域升温速度是全球海洋平均升温速度的 2~3 倍,呈现出一种"热斑"效应。

KE 海域上空既是天气尺度大气涡旋的主要活动区,又是大气的西风急流区,并存在显著的大气瞬变波活动,因而成为风暴能量增长最明显的"风暴轴"区域;该海区的海洋运动具有锋面弯曲、涡旋、模态水潜沉乃至大尺度环流等不同空间尺度运动交融的特征;已有的研究和观测均显示,该区域存在强烈的海气交换,而且海气相互作用往往发生在多重时空尺度上,包含从天气尺度到年代际尺度和从锋面尺度到海盆尺度的所有变化。但是,目前国内外对上述不同尺度的海气相互作用过程,以及它们影响气候变化的物理机制均不甚清楚。与热带相比,中纬度海气相互作用理论尚不成熟。

因此,揭示 KE 海温和北太平洋风暴轴多尺度变化及其相互作用机制,对于丰富和完善中纬度多尺度海气相互作用理论框架以及促进气候变化研究等都具有重要的科学意义。

1.1 黑潮延伸体的多尺度变化

KE 是黑潮从 35°N、140°E 附近与日本海岸分离进入北太平洋的部分，主要包括日本以东、第二岛链以西、30°N～45°N 的海区（Kawai，1972）。日本以东 KE 上游的主要特征是存在分别位于 144°E 和 150°E 的两个准稳定的弯曲（Wyrtki，1975；Qu et al.，2001）。在 159°E 附近，KE 与沙茨基海隆（Shatsky Rise）相遇后分成两支，主要路径变宽且其流动的瞬时结构常表现出多急流结构（Joyce，1987；Joyce and Schmitz，1988；Roden，1998）。国际日期变更线以东，KE 和副极地海流间的区别不再清晰，它们共同形成宽阔且向东运动的北太平洋海流。

1.1.1 黑潮延伸体的大尺度变化

KE 存在大尺度年际和年代际变化，尤其是年代际变化的主模态呈现稳定和不稳定双动力模态振荡特征。当 KE 系统处于不稳定态时，除涡动动能（eddy kinetic energy，EKE）水平加强和路径卷绕外，延伸体急流路经向北移，且南侧的回流趋向逐渐加强；而当 KE 系统转换为稳定态时，变化趋势则与不稳定态相反。有研究指出，KE 内部较强的非线性作用可以在没有外强迫的情况下产生与观测类似的双模态变化（Pierini et al.，2009），并且这种大尺度双模态变化是风生 Rossby 波激发内部非线性海洋过程的结果（Pierini，2014；Yang et al.，2017）。由于 KE 的双模态变化与海表温度（sea surface temperature，SST）有关，因此，可以用 SST 的变化作为衡量其双模态变化的指标。Qiu（2007）对再分析资料进行功率谱分析发现，KE 的 SST 变化主要呈现准 10 年的低频变化特征，这与阿留申低压活动的准 10 年变化存在关联性，并且阿留申低压南北移动能通过激发海洋 Rossby 波对 KE 的 SST 准 10 年变化产生显著影响（Sugimoto and Hanawa，2009）。例如，北太平洋气候系统在过去数十年间发生了数次明显的年代际变化，在 20 世纪 70 年代中期阿留申低压出现一次显著增强过程（Miller et al.，1994），相应地，KE 和西北太平洋以及北太平洋的 SST 显著降低（Trenberth，1990）。Qiu 等（2014）利用海表动力高度定义了一个表征 KE 大尺度双模态变化的动力指数，对该指数的变化特征分析表明，KE 在 20 世纪 70 年代中期以后准 10 年周期的大尺度变化变得更为显著。

KE 除在稳定和不稳定动力模态间振荡外，还存在伸展和收缩两个模态间的年代际转换。处于伸展模态时，延伸体具有较大的向东表层流量和更偏北的经向平均路径，此时其南侧对应着一个较强的回流流环。处于收缩模态时，延伸体具有较小的向东表层流量和更偏南的经向平均路径，此时其南侧对应着一个较弱的回流流环（Miller et al.，1998；Deser et al.，1999；Qiu，2003，2007；Taguchi et al.，2007；Ceballos et al.，2009）。

1.1.2 黑潮延伸体的中尺度变化

KE 是北太平洋中尺度运动动能最高的区域,以大振幅弯曲和丰富的涡旋为主要特征。该区域海洋涡旋的显著变化性吸引研究工作者开展了大量检验和量化 KE 中尺度时空变化特征的研究(Bernstein and White,1981;Mizuno and White,1983;Schmitz,1984;Schmitz and Holland,1986),包括冷暖涡环从 KE 弯曲中的脱落过程、涡环/中尺度结构的相互作用以及 KE 弯曲对涡旋再吸收等。随着海洋观测数据的积累,特别是高分辨率卫星遥感观测和大量海洋观测计划的实施,对 KE 区域中尺度过程的研究揭示了延伸体平均流对中尺度涡和弯曲扰动传播的作用,发现雷诺应力(Reynolds stress)结构和正压转换过程对涡动动能具有调制作用,阐明了 KE 内涡旋场的季节、年际和年代际变化对 KE 大尺度和低频变化具有反馈作用(Yamagata et al.,1985;Jacobs et al.,1994;Waterman et al.,2011)。

对高分辨率卫星观测资料的应用研究还发现,KE 主流轴北侧存在一个 SST 水平经向梯度的明显大值区,即 KE 海洋锋。海洋锋强度从西向东逐渐减弱,并呈现出明显的季节变化,受海表热通量季节变化的影响,海洋锋在冬季最强,在夏季最弱(Chen,2008)。对海洋锋位置变率的空间分布研究发现,在所有季节其位置的年际变率均在 145°E 附近最强(Wang et al.,2016)。在年际和年代际尺度上,海洋锋的强度与 KE 伸展与收缩双模态密切相关,当 KE 处于伸展模态时,海洋锋强度显著增强,最大可超过 10℃/100km;而当 KE 处于收缩模态时,海洋锋强度则显著减弱(Chen,2008)。

KE 从中尺度变化到年代际变异均对区域水团的形成和转化过程起到了重要的调制作用。例如,在 KE 处于收缩模态时,加强的涡旋变化携带混合水区高位涡水体向南输运,在回流流环区构建了一个稳定的上层海洋条件,而该稳定条件不利于冬季深对流和副热带模态水的形成(Qiu et al.,2007a;Sugimoto and Hanawa,2010;Oka et al.,2011);另外,KE 北部的涡旋和混合等中小尺度过程对北太平洋中层水的形成也起到了重要作用(van Scoy et al.,1991;Yasuda,1997;You et al.,2000)。

1.2 北太平洋风暴轴概述

1.2.1 风暴轴的定义

众所周知,中纬度逐日天气变化与移动的大尺度高低压系统紧密相关。因此,中纬度高低压系统的移动路径、发生频率以及平均强度等都是天气变化预报的关键因素,而将中纬度气旋和反气旋活动相对活跃的区域称为"风暴轴"。对风暴轴的研究最早可追溯至 19 世纪中后叶，Hinman（1888）通过追踪海洋表面气旋中心移动路径绘制了气旋活动频率分布图。这种通过追踪单个气旋中心移动，统计气旋发生频率、移动路径和加深速率等特征量来表征风暴轴的方法称为"拉格朗日"法，该方法与每日天气过程直接相关，从一开始的人工经验分析发展到如今的可客观识别和追踪（Ulbrich et al.，2009；Zhang et al.，2012）。随着 20 世纪70 年代末大气格点资料的问世，出现了另一种从"波动"角度定义风暴轴的方法，即"欧拉"法。这种方法是利用时间滤波器对格点上的逐日资料进行带通滤波，得到天气尺度波动，将天气尺度位势高度方差、经向风方差、经向热通量或涡动动能的大值区等定义为风暴轴（Blackmon，1976；Blackmon et al.，1977）。相比于"拉格朗日"法，"欧拉"法定义风暴轴的优势在于计算方便，且能够计算大气垂直方向各个层次的风暴轴，便于研究风暴轴的三维结构（Chang et al.，2002）。另外，"欧拉"法强调瞬变扰动的能量和通量，与天气尺度瞬变涡旋和平均流的相互作用紧密相关（Chang，2009），因此更便于研究风暴轴维持和变化的内在机制。业已发现，在北半球存在两支强风暴轴，一支从东海横跨太平洋延伸至落基山脉，称为"北太平洋风暴轴"；另一支从落基山脉的东部跨越北大西洋至北欧后在中亚削弱，称为"北大西洋风暴轴"（Chang et al.，2002）。

1.2.2 风暴轴的多尺度变率特征

风暴轴具有显著的季节变化以及年际变率和年代际变率。在季节变化上，北太平洋风暴轴强度呈现双峰特点，即夏季最弱、晚秋和早春最强、仲冬较弱，这种现象称为北太平洋风暴轴的"仲冬抑制"现象（Nakamura，1992）。关于仲冬抑制现象产生的原因有不同的解释，Nakamura 和 Sampe（2002）指出，仲冬时节北太平洋上空副热带急流加速，将大量的斜压波捕获于副热带急流核附近，使其远离大气低层斜压区，从而削弱了斜压波和大气低层斜压区的相互作用，造成北太平洋风暴轴出现仲冬抑制现象。Penny 等（2010）则发现，冬季从上游传播至北太平洋风暴轴的斜压波强度明显弱于秋季和春季，上游减弱的斜压波活动也可能是造成北太平洋风暴轴仲冬抑制的主要原因。Lee 等（2011）通过局地能量转换分析发现，仲冬北太平洋急流南移，造成向极和向上涡旋热通量的大值区与大气温度经向梯度的大值区位置出现偏移，从而导致平均流有效位能向涡动动能的斜压能量转换削弱，造成仲冬抑制。

在年际变率上，风暴轴的变化和 ENSO 事件密切相关，在厄尔尼诺年，北太平洋风暴轴更强，且向东延伸；而在拉尼娜年，北太平洋风暴轴较弱，且向西收缩（朱伟军和孙照渤，1998）。朱伟军和孙照渤（2000）指出，冬季北太平洋风暴轴的东西摆动和中东端的强度变化主要与赤道中东太平洋区域海温异常有关，而风暴轴中西端的强度变化和南北位移主要受到黑潮区域海温异常的影响。北太平洋风暴轴的强度还受到东亚冬季风的影响，在东亚冬季风偏强的年份，北太平洋风暴轴较弱（Lee et al.，2010）。此外，北太平洋风暴轴的年际变化还与西太平洋遥相关型和太平洋北美遥相关型密切相关（Wettstein and Wallace，2010）。

在年代际变率上，北太平洋风暴轴从 20 世纪 70 年代中期出现了由弱变强的年代变化（Chang and Fu，2002）。朱伟军和李莹（2010）指出，北太平洋风暴轴的年代际变率主要有两种模态，一种是风暴轴主体强度的年代际变化，主要与上游瞬变涡旋的强迫有关；另一种是风暴轴中东部的南北位置变化，主要与太平洋年代际振荡（Pacific decadal oscillation，PDO）的冷暖位相有关。Lee 等（2012）通过分析局地能量转换发现，北太平洋风暴轴在 20 世纪 70 年代中期的年代增强与大气斜压能量转换的增强密切相关。

1.2.3　风暴轴对天气气候的影响

风暴轴活动与中纬度天气变化和极端天气事件紧密相关，在调制中高纬度降水中起到了关键作用（Catto et al.，2012）。北半球冬季（夏季）超过 90%（85%）的降水与温带气旋活动有关，而最大降水区域位于风暴轴附近（Hawcroft et al.，2012）。温带气旋活动对冬季极端降水的贡献也非常大，在一些地区（比如地中海区域、纽芬兰岛、日本附近和南海），由温带气旋造成的极端降水超过 80%（Pfahl and Wernli，2012），Lin 等（2019a）也指出，我国东北地区 70.6%的冬季极端降水与温带气旋活动有关。另外，风暴轴还与极端气温事件紧密相关，陈海山等（2012）指出，天气尺度瞬变波传播和发展可能是我国冬季极端低温事件发生的重要条件，Chang 等（2016）发现，夏季异常减弱的中纬度气旋活动可以通过影响云量导致夏季高温天数增多。

风暴轴活动不仅和中纬度极端天气事件关系紧密，还能通过系统地向极输送热量、动量和水汽维持中纬度气候系统，因此风暴轴活动是中纬度环流系统重要的能量来源。平均流的有效位能首先转换为斜压波的涡动动能，在斜压波生命史的末期，又会将涡动动能传输给背景流场（Simmons and Hoskins，1978）。瞬变涡旋活动通过向极的动量输送维持了中纬度西风急流，即极锋急流（Lee and Kim，2003；Ren et al.，2010），并且通过将西风动量下传维持了表面西风（Sampe and Xie，2007；Booth et al.，2010）。另外，Ma 和 Zhang（2018）利用大气再分析资料的研究发现，北太平洋风暴轴的加强与西伯利亚高压减弱、西太平洋高空急流和阿留申低压北移密切相关，并且与西太平洋遥相关型对应；而北太平洋风暴轴的南移与西太平洋急流和阿留申低压的加强及向东南延伸有关，对应太平洋北美遥相关型。伊兰和陶诗言（1997）还发现，瞬变涡旋总是把水汽从高水汽含量区向低水汽含量区输送，实现与平均环流相反的输送，进而维持了热带地区和中高纬地区的水汽平衡。

1.3 黑潮延伸体和北太平洋风暴轴在中纬度海气耦合中的作用

北太平洋黑潮-亲潮延伸体（Kuroshio and Oyashio Extension，KOE）区域存在大量的海气间动量、热量和水汽的交换，是中纬度海气相互作用最为强烈的区域（Kelly et al.，2010；Kwon et al.，2010）。KE 主要通过海温变化造成海气热通量异常，从而影响中纬度大气。Frankignoul 等（2011）发现，KE 的北移会造成北太平洋西北部出现弱的准正压高压异常，而亲潮延伸体的经向移动会导致大气出现类似北太平洋涛动（North Pacific Oscillation，NPO）型响应。此外，O'Reilly 和 Czaja（2015）还发现，KE 的强度变化能够在太平洋东部强迫出异常的正压流，Révelard 等（2016）则指出，KOE 区域的加热造成大气出现准正压的大尺度响应型，在加热区下游出现高压异常，而在北极出现低压异常。Small 等（2008）认为，在中纬度海洋锋附近海洋对大气的强迫作用较强，主要有以下几个原因：第一，当气团经过中纬度海洋锋时，会出现强烈的海气温差和海气湿度差，进而导致大气表面静力稳定度、表面风应力、潜热通量和感热通量发生剧烈变化，其中静力稳定度的变化能够改变边界层的风速垂直廓线，从而引起位温和湿度在大气稳定态升高，而在不稳定态降低；第二，涡旋活动能够将表面的热量、水汽和动量输送至边界层，并可造成边界层高度发生变化；第三，随着表面通量所导致的大气温度和湿度的变化，大气气压场也发生变化，气压水平梯度的改变会驱动二级环流；第四，海洋锋附近的表面洋流或海洋涡旋可能会影响大气和海洋的相对运动，通过改变表面应力影响大气以及大气对海洋的反馈。

向北输送暖水的黑潮和向南输送冷水的亲潮在北太平洋中纬度相遇，形成强 SST 经向梯度的纬向带状区域，称为"北太平洋中纬度海洋锋"（Nakamura and Kazmin，2003）。Taguchi 等（2012）发现，秋季至冬季的北太平洋中纬度海洋锋区附近的海表温度异常（sea surface temperature anomaly，SSTA）能够使冬季北太平洋上空产生类似太平洋北美型（Pacific North American pattern，PNA）的相当正压大气环流异常，并且这种环流异常具有显著的次季节变率。进一步研究发现，海洋锋能够通过影响低层大气斜压性调制风暴轴活动（Yao et al.，2018a，2018b），并通过天气尺度瞬变涡旋对平均流的动力和热力反馈作用影响大气环流（Wang et al.，2019；Huang et al.，2020）。Fang 和 Yang（2016）还发现，在年代际尺度上北太平洋中纬度海气相互作用存在正反馈机制，即当太平洋年代际振荡（PDO）

处于暖位相时，伴随着增强的阿留申低压出现中纬度表面西风异常，表面西风异常通过增加表面热通量及驱动埃克曼（Ekman）流强迫出海 SST 的冷异常，从而 SST 经向梯度加大，中纬度海洋锋增强，增强的海洋锋则又通过影响低层大气温度经向梯度加强低层大气斜压性，促进风暴轴发展；天气尺度瞬变涡旋的动力反馈作用促使在初始西风异常的北侧形成准正压的大气低压异常，从而加强初始的表面西风异常和阿留申低压异常。这一正反馈机制能够解释北太平洋海气耦合系统特有的"冷槽/暖脊"的年代尺度异常，而海洋锋和风暴轴在北太平洋中纬度海气耦合的正反馈过程中发挥了重要作用。

1.4　中纬度海洋锋影响风暴轴的途径

观测研究发现，北太平洋风暴轴活动总是位于中纬度海洋锋上空（Nakamura et al.，2004），这说明两者之间关系紧密。天气尺度瞬变涡旋容易在强斜压区中发生发展，但是由于瞬变涡旋能够系统地向极输送热量，会使得大气斜压性减弱，不利于风暴轴持续发展，因此必然存在某种机制能够抵消涡旋热输送对大气斜压性的削弱，从而将风暴轴维持在中纬度上空。Nakamura 等（2008）利用理想水球模式的研究发现，当存在中纬度海洋锋时，风暴轴维持在海洋锋上空，当去除中纬度海洋锋后，对流层高层的风暴轴活动削弱 50%左右，而对流层中低层的风暴轴则削弱 70%～75%，这说明海洋锋在维持风暴轴活动中发挥了重要作用。进一步的研究发现，跨越中纬度海洋锋两侧的表面感热通量差能够有效地恢复低层大气斜压性，从而将风暴轴"锚定"在中纬度海洋锋上空，即存在"海洋斜压调整"机制（Nakamura et al.，2008；Sampe et al.，2010）。由于海洋混合层强烈的热惯性以及冷暖洋流强烈的热输送，中纬度海洋锋能够持续存在，在中纬度海洋锋上空存在很强的大气温度经向梯度，而瞬变涡旋在强斜压区内的发展，将热量不断地向极输送，对大气温度经向梯度有削弱作用，同时造成海洋锋两侧的海气温差加大，导致海洋锋向赤道侧（向极侧）的表面感热通量加强（减弱）。这种海洋锋两侧自南向北迅速减小的表面感热通量能够在 2～3d 有效地恢复低层大气斜压性，有助于将风暴轴"锚定"在海洋锋上空。一系列高分辨率数值模拟结果均证实存在这种维持机制（Taguchi et al.，2009；Small et al.，2013；Yao et al.，2016）。

进一步的观测研究和数值试验结果表明，海洋锋的强度变化以及南北移动都能够对风暴轴活动产生显著影响（Yao et al.，2016，2018c，2019）。Taguchi 等（2009）利用高分辨率的区域大气模式的模拟结果表明，当 KOE 区域的海洋锋被平滑削弱后，大气表面温度梯度减小，大气低层斜压性削弱，从而造成北太平洋风暴轴活动显著减弱。O'Reilly 和 Czaja（2015）利用高分辨率的观测资料发现，冬季 KE 附近的海洋锋强度变化能够对风暴轴及大气环流产生重要影响，当 KE 处于稳定态（不稳定态）时，海洋锋增强（减弱），且伴随着大气低层斜压性的增强（减弱），西（东）太平洋上空的风暴轴增强。另外，中纬度海洋锋的经向移动也能够对风暴轴活动产生显著影响。Ogawa 等（2012）通过设计一组经向位置变化的海洋锋驱动大气模式发现，当海洋锋北移（南移）时，风暴轴也随之北移（南移），并且海洋锋对风暴轴的影响并不局限于大气边界层，而是能够影响整个对流层（Small et al.，2013）。

1.5　中纬度海洋锋与风暴轴之间的正反馈机制

中纬度海洋锋能通过向上输送热通量的差异影响风暴轴，风暴轴也能通过调制表面热量和动量交换影响海洋锋。已有研究发现，风暴轴中的天气尺度瞬变涡旋能通过输送西风动量驱动极锋急流（Lee and Kim，2003；Sampe et al.，2010），同时通过向极热输送将高空西风动量下传，从而影响表面西风（Booth et al.，2010），而表面西风则通过改变湍流热通量、Ekman 平流输送和海洋混合层的夹卷过程影响 SST 的空间分布，进而影响中纬度海洋锋（Yao et al.，2017）。

中纬度海洋锋与风暴轴之间可能通过以下过程形成"正反馈"机制：天气尺度瞬变涡旋驱动极锋急流，同时通过经向热通量输送将高层的西风动量下传；下传的西风动量造成表面西风加强，进而引起西边界流加强；西边界流通过热平流维持中纬度海洋锋；中纬度海洋锋两侧的表面感热通量差抵消由涡旋经向热通量输送造成的大气温度经向梯度的削弱，恢复低层大气斜压性；低层大气斜压性维持风暴轴活动；另外，由西边界暖流表面蒸发所提供的水汽能够通过潜热释放为风暴轴活动提供能量，并且表面蒸发还能够影响表面感热通量（Hotta and Nakamura，2011）。但是这种正反馈机制还需要观测和数值模拟试验的进一步验证。

第 2 章　北太平洋天气尺度涡旋的分类和发展机制

风暴轴的空间形态存在差异,而不同形态的风暴轴可能对应不同的物理机制(朱伟军等,2013)。风暴轴是天气尺度涡旋活动的统计状态,因此,研究天气尺度涡旋的活动对认识风暴轴有重要意义。但由于天气尺度涡旋和风暴轴的时间尺度不同,从天气尺度涡旋活动理解风暴轴特征的相关研究尚不多见。平均而言,北太平洋上空的强风暴轴区位于高空急流出口的东北侧,同时也位于斜压性极值中心的北侧(Hoskins and Valdes,1990)。此外,北太平洋风暴轴东、西两端结构明显不同,其西侧为强斜压区,东侧则为相当正压结构(Lau,1978,1979),因此,分类研究北太平洋东、西两侧的天气尺度涡旋很有必要。

大气低频变化和天气尺度涡旋共同存在于逐日的天气演变中,研究表明二者相互依赖的共生关系对天气尺度涡旋和大气低频变化都有一定的影响。天气尺度涡旋被大气的低频变化有规律地组织起来,而组织起来的天气尺度涡旋对大气的低频变化则有一定的反馈作用(Cai and Mak,1990),天气尺度涡旋能通过非线性作用激发大气的低频变化(陆日宇和黄荣辉,1999),这期间大气的低频变化能从高频的天气尺度扰动中获得发展所需的能量(Wu et al.,1994)。

Jiang 和 Tan(2015)曾利用移动经验正交函数(moving empirical orthogonal function,MEOF)对 250hPa 扰动经向风进行分解,得到了两种天气尺度涡旋在对流层高层的空间模态。然而,目前为止从逐日资料出发探讨海洋锋区海温对对流层中低层天气尺度涡旋影响的研究还较少。本章通过对 1948~2010 年北太平洋冬季 850hPa 和 500hPa 逐日天气尺度涡旋进行经验正交函数(empirical orthogonal function,EOF)分解,提取出西部型天气尺度涡旋和东部型天气尺度涡旋的空间形态,根据两类天气尺度涡旋的分类,分析其温度、气压和流场的分布特征,并探讨这两类天气尺度涡旋的形成机制。

2.1　天气尺度涡旋的分类

风暴轴可以看作天气尺度涡旋在一个较长时间尺度上的统计结果。已有的研究指出(朱伟军等,2013),东太平洋和西太平洋风暴轴的空间分布不一致,其形成机制也不相同。因此,东太平洋和西太平洋天气尺度涡旋的发展机制可能也不相同。

为了分析中纬度北太平洋上空天气尺度涡旋的特征,选取 1948~2010 年冬季共 5670d 的 850hPa 位势高度扰动进行 EOF 分解，得到其前 4 个模态（EOF1、EOF2、EOF3、EOF4）的空间分布，如图 2.1 所示，其中前 4 个模态的方差贡献分别为 10.7%、10.4%、5.8%和 5.4%。可以看出，EOF1（图 2.1a）和 EOF2（图 2.1b）的涡旋中心分布特征类似，沿着北太平洋略呈西南-东北向带状分布，涡旋的最强中心都位于国际日期变更线以西 45°N 附近。由于 EOF 分解的向量都是正交的，因此天气尺度涡旋的这两个模态在空间上是正交的，即相差 1/4 个位相。EOF3（图 2.1c）和 EOF4（图 2.1d）的涡旋也相差 1/4 个位相，涡旋最强中心位于国际日期变更线以东。将 EOF 分解前 4 个模态对应的时间系数[即主成分（principal component，PC）]两两做时滞相关分析（图 2.2），可见第一模态的时间系数（PC1）在超前第二模态的时间系数（PC2）1d 时，相关系数达最小负值，而滞后 1d 时达最大正值，且相关系数绝对值都达到 0.8 以上（郭文华，2014；尹锡帆，2015）。移动型波动 EOF 分解结果表明，前两个模态反映的是同一波动的不同位相，该波动向东北传播，在日本以东开始发展，到国际日期变更线附近发展到最强，越过国际日期变更线以后减弱，并且该波动的平均周期约为 4d。

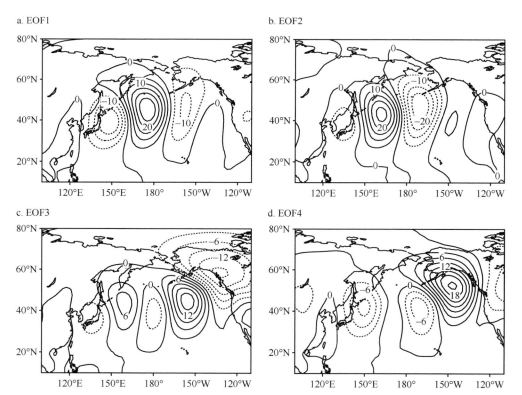

图 2.1 1948～2010 年冬季共 5670d 的 850hPa 天气尺度位势高度扰动 EOF 分解的前 4 个模态空间型（单位：gpm）

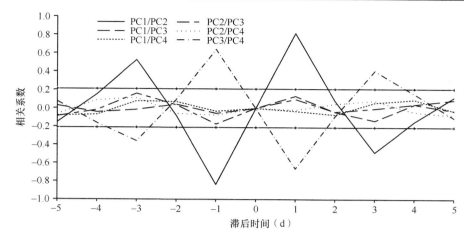

图 2.2　EOF 分解前 4 个模态时间系数两两时滞相关系数

两条横线对应 99% 置信度

第三模态的时间系数（PC3）和第四模态的时间系数（PC4）的超前滞后相关与 PC1 和 PC2 类似，结合 PC3 和 PC4 的空间型（图 2.1c，图 2.1d）进行分析，可以认为这类天气尺度涡旋在北太平洋上空沿纬向呈波动状传播，在国际日期变更线以东达到最强，移动到北美大陆之后减弱。

EOF 分解前 4 个模态的分析结果表明，北太平洋冬季对流层中低层位势高度瞬变场存在两个显著的传播型天气尺度波动。两支发展型波动（涡旋）的纬向波长相近，一个完整涡旋在纬向约占 40°；而沿经向的两支发展型天气尺度涡旋所占空间范围集中在 20°N～70°N。从时间周期上看，两者都以 4d 左右的周期为主。值得注意的是，这两支波动的发展地域存在显著差别，前者主要在国际日期变更线以西发展，后者主要在国际日期变更线以东发展。为简单起见，把第一模态和第二模态所表征的波动称为西部型天气尺度涡旋，而把第三模态和第四模态所表征的波动称为东部型天气尺度涡旋（郭文华，2014；尹锡帆，2015）。

2.2　两类天气尺度涡旋的特征

为了进一步分析不同天气尺度涡旋的移动和环流场特征，本节根据四个模态的时间系数选取典型样本进行合成分析。

根据 PC1＞2 和 PC2＞2，分别选取 EOF1 和 EOF2 的典型样本，依据天气尺度涡旋大约 4d 的周期特点，对其连续 5d 的天气尺度位势高度扰动、温度扰动和水平风场扰动进行合成（图 2.3）。从图 2.3 中可以看出，基于 PC1 或 PC2 所选典型样本的位势高度扰动和温度扰动合成均呈现出天气尺度涡旋的特征，扰动在北太平洋上自西向东移动，并且在国际日期变更线附近扰动达到最强，之后又逐渐减弱。温度扰动和位势高度扰动的变化具有类似的特征。此外，两类典型样本在 lag= –2 时与 lag=2 时也呈现出相同的特征，对于天气尺度涡旋而言，这样的结果表明其周期大约为 4d，与前文根据时间系数分析得到的结果一致（图 2.2）。EOF1 的典型样本在 lag= –2 时与 EOF2 的典型样本在 lag= –1 时扰动状态基本一致（图 2.3a，图 2.3g），表现为 EOF2 的典型样本滞后于 EOF1 的典型样本 1d，其余几天的扰动发展也表现出这样的特征，表现为后者落后于前者 1/2 位相。因此，两类典型样本表示的天气尺度涡旋为同一类，即西部型天气尺度涡旋，这与前文对 EOF1 和 EOF2 分解结果的分析一致。从图 2.3 中还可以看出，位势高度扰动和温度扰动在发展过程中移动速度一致，始终表现为温度扰动落后于位势高度扰动的特点，这种温压场的配置有利于斜压波的发展。因此，风场的扰动与位势高度扰动相匹配，当位势高度扰动为负异常时，对应气旋式的风场扰动，而当位势高度扰动为正异常时，对应反气旋式的风场扰动。这种位势高度场、温度场和风场的配置关系呈现出了典型的斜压波特征。

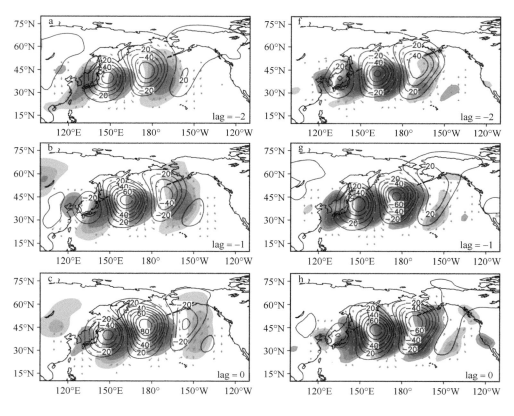

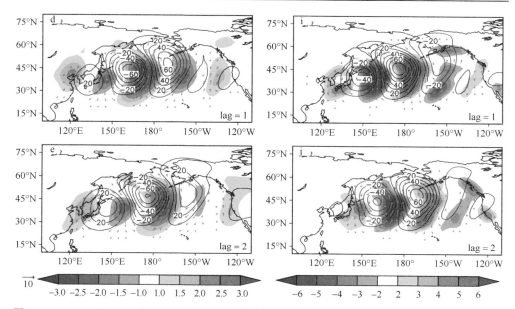

图 2.3　PC1＞2（a~e）和 PC2＞2（f~j）典型样本合成的连续 5d 位势高度扰动（等值线，单位：gpm）、温度扰动（填色，单位：℃）和水平风场扰动（矢量，单位：m/s）

lag=−2 表示超前典型样本 2d；lag=−1 表示超前典型样本 1d；lag=0 表示典型样本当天；lag=1 表示滞后典型样本 1d；lag=2 表示滞后典型样本 2d

　　根据 PC3＞2 和 PC4＞2，分别选取 EOF3 和 EOF4 的典型样本进行合成分析（图 2.4）。从图 2.4 可以看出，两类典型样本表示的天气尺度涡旋为同一类，自西向东传播，并且在东北太平洋发展到最强，即东部型天气尺度涡旋。同时，该类天气尺度涡旋的周期大约也为 4d，并且 EOF3 的典型样本落后于 EOF4 的典型样本 1d（1/2 位相）。和西部型天气尺度涡旋一样，东部型天气尺度涡旋位势高度扰动的移动变化也伴随着温度扰动的发展移动，并且前者总超前于后者，这类温压场的配置同样有利于斜压波的发展。像温度扰动场一样，随着位势高度扰动中心的移动变化，风场扰动和垂直速度场都会与两类天气尺度涡旋有相应的变化，表现出斜压波的特征。

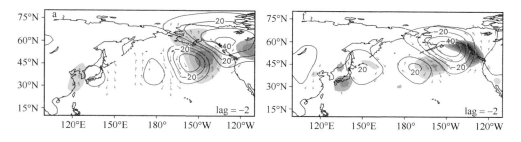

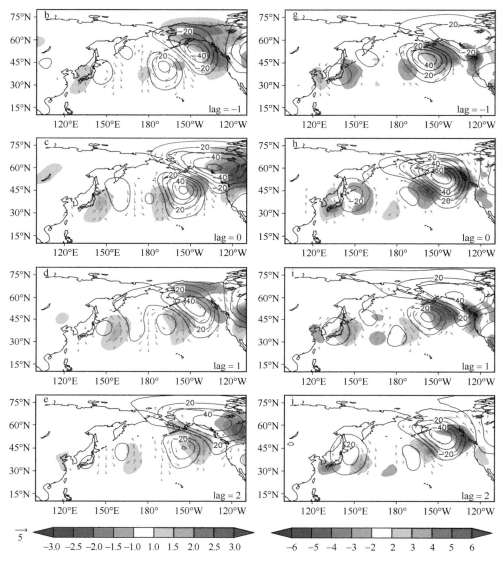

图 2.4 PC3＞2（a～e）和 PC4＞2（f～j）典型样本合成的连续 5d 位势高度扰动（等值线，单位：gpm）、温度扰动（填色，单位：℃）和水平风场扰动（矢量，单位：m/s）

以上气象要素场在水平方向的合成分析表明，两类天气尺度涡旋为典型的斜压波，而在垂直方向上位势高度扰动、温度扰动和垂直速度扰动也表现出了明显的斜压波特征。从西部型天气尺度涡旋在 40°N～45°N 平均的垂直纬圈剖面图（图 2.5a）可以看到，位势高度扰动、温度扰动和垂直速度扰动均在国际日期变更线以西最强，这在整个对流层都有明显的体现。位势高度扰动呈相当正压结构，垂直方向上在 300hPa 扰动最强，且 300hPa 以上扰动呈近乎垂直向上伸展的特点，而 300hPa 以下的对流层则有自下往上向西倾斜的特点。温度扰动呈显著的斜压结构，300hPa 以上的对流层和 300hPa 以下的对流层温度扰动位相相反，且 300hPa 以下温度扰动位相略落后于位势高度扰动位相，呈现典型的斜压性特点，而 300hPa 以上的对流层则没有明显的斜压性特点，这表明 300hPa 以下的对流层斜压性较强，而 300hPa 以上斜压性则较弱。此外，温度扰动和垂直速度扰动的大值中心均出现在 600～500hPa 的对流层中层。就 300hPa 以下的对流层而言，当位势高度扰动为负时，温度扰动也为负，并且温度扰动落后于位势高度扰动大约 1/4 周期；而垂直速度扰动在其西侧为异常下沉运动，在其东侧为异常上升运动，表现为温度槽落后于气压槽，并且槽前上升运动，槽后下沉运动，反之亦然。这种位势高度扰动场、温度扰动场和垂直速度扰动场的配置关系对应冷空气下沉、暖空气上升，有利于斜压能量的释放。

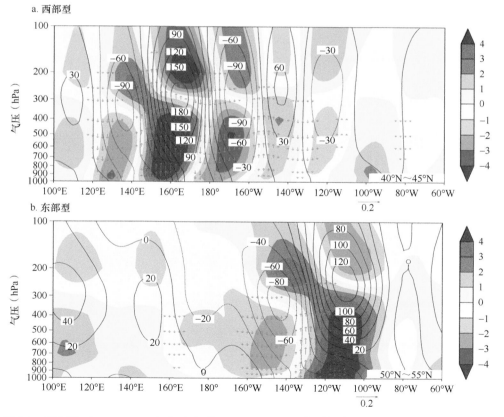

图 2.5　西部型（40°N～45°N）和东部型（50°N～55°N）典型样本在垂直纬圈剖面上位势高度扰动（等值线，单位：gpm）、温度扰动（填色，单位：℃）和垂直速度扰动（矢量，单位：Pa/s）的合成图

从东部型天气尺度涡旋在 50°N~55°N 平均的垂直纬圈剖面图（图 2.5b）上也可以看到与西部型天气尺度涡旋类似的特征，只是位势高度扰动、温度扰动和垂直速度扰动均在 120°W~100°W 最强。东部型天气尺度涡旋各个气象要素扰动场的强度均弱于西部型天气尺度涡旋，这可能与西太平洋具有较强的斜压性有关（Hoskins and Valdes，1990）。东部型天气尺度涡旋的位势高度扰动、温度扰动和垂直速度扰动的配置关系在 300hPa 以下的对流层也呈现出冷空气下沉、暖空气上升的特点，因而有利于有效位能在东北太平洋上释放。通过对比分析还可以发现，西部型天气尺度涡旋和东部型天气尺度涡旋与 Chang（1993）论述的斜压波一致。

西部型天气尺度涡旋代表了中纬度风暴轴的主要变率，东部型天气尺度涡旋在前人的研究中则很少提及，而在实际的天气尺度涡旋演变过程中，冬季两类天气尺度涡旋在北太平洋都是经常存在的。根据 EOF 空间模态的时间系数，分别选取一个西部型天气尺度涡旋实例和东部型天气尺度涡旋实例进行分析。图 2.6 呈现了 1983 年 12 月 10~13 日 850hPa 的逐日位势高度扰动场分布，是一次典型的西部型天气尺度涡旋过程，可见 1983 年 12 月 10 日位势高度扰动呈现出西部型天气尺度涡旋的特征，表现为自西向东的波列在北太平洋上空形成并具有东移的特征。该波列在自西向东移动的过程中一直发展，到 12 月 12 日在国际日期变更线附近达到最强，然后在 12 月 13 日呈现出衰减的趋势。图 2.7 则呈现了 1991 年 1 月 15~18 日 850hPa 的逐日位势高度扰动场分布，是一次典型的东部型天气尺度涡旋过程，可见 1 月 15 日东北太平洋上出现了一个波列，该波列在东北太平洋上振幅最大。1 月 15~17 日，该波列呈现出向东移动的特征，到了 1 月 18 日，东北太平洋上的天气尺度涡旋逐渐减弱，而西太平洋上的天气尺度涡旋则呈现出增强的特点。

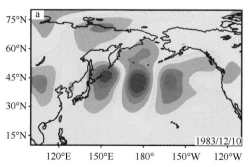
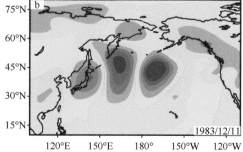

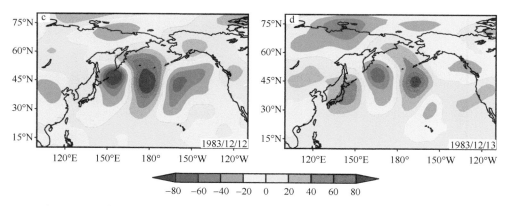

图 2.6 1983 年 12 月 10～13 日 850hPa 的逐日位势高度扰动场分布（单位：gpm）

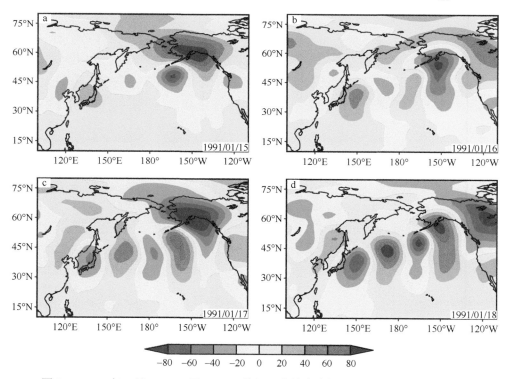

图 2.7 1991 年 1 月 15～18 日 850hPa 的逐日位势高度扰动场分布（单位：gpm）

此外，从图 2.6 和图 2.7 两个天气尺度涡旋传播的实例可以看出其周期大约为 4d，进行合成时基于 PC1 和 PC2 得到的典型样本处于不同的位相，因此两者典型样本叠加会减弱扰动信号。基于对图 2.3 和图 2.4 的分析可以发现，根据 PC1 或者 PC2 得到的典型样本可以表示西部型天气尺度涡旋的特征，而根据 PC3 或者 PC4 得到的典型样本可以表示东部型天气尺度涡旋的特征。因此，方便起见，分别用基于 PC1 和 PC3 得到的典型样本来研究西部型天气尺度涡旋和东部型天气尺度涡旋。统计表明，类似图 2.6 和图 2.7 这样的天气尺度涡旋实例有很多，这也证明了 EOF 分解结果并不是纯粹的数学结果，而是具有实际物理意义的涡旋类型。

为了得到两类发展型天气尺度瞬变涡旋的发展演变规律，依据 EOF 前 4 个模态的标准化时间系数，将上述所有的典型样本分为西部型、东部型、偏强型和偏弱型四类（表 2.1）。其中，前两类分别表示西部型和东部型天气尺度涡旋，偏强型表示东、西两类天气尺度涡旋都比较强，而偏弱型则表示东、西两类天气尺度涡旋都比较弱。由表 2.1 可见，四类天气尺度涡旋典型样本数基本相同，说明按照上述类型划分，北太平洋上不存在优势类型的天气尺度扰动。

表 2.1　天气尺度涡旋的分类条件和典型样本数

类型	西部型	东部型	偏弱型	偏强型
条件	$\|PC1\|\geq1$ 或 $\|PC2\|\geq1$ $\|PC3\|<1$ 且 $\|PC4\|<1$	$\|PC3\|\geq1$ 或 $\|PC4\|\geq1$ $\|PC1\|<1$ 且 $\|PC2\|<1$	$\|PC1\|<1$ 或 $\|PC2\|<1$ $\|PC3\|<1$ 且 $\|PC4\|<1$	$\|PC1\|\geq1$ 或 $\|PC2\|\geq1$ $\|PC3\|\geq1$ 且 $\|PC4\|\geq1$
典型样本数	1470	1334	1346	1520

由风暴轴的物理意义可知，天气尺度涡旋与风暴轴的关系密切，因此在图 2.8 中分别给出了四类典型样本对应的 850hPa 天气尺度位势高度方差和涡动动能平均值。图 2.8a 表明，西部型天气尺度涡旋对应的位势高度方差和涡动动能大值中心区域都在西太平洋，位势高度方差大于 15dagpm^2 的区域自 130°E 向东北延伸至 140°W 附近，且经向上大值中心处于 45°N 附近，与西部型天气尺度涡旋的中心一致。东部型天气尺度涡旋对应的位势高度方差和涡动动能大值中心区域位于国际日期变更线以东（图 2.8b），位势高度方差大值中心处于 55°N 附近，与东部型天气尺度涡旋中心一致，而涡动动能的大值中心较扰动方差大值中心偏南。但位势高度方差大于 15dagpm^2 的区域范围较小，纬向范围为 160°W～120°W。对应西部型和东部型天气尺度涡旋都比较强时，位势高度方差和涡动动能都显著偏大（图 2.8c），其位势高度方差和涡动动能的整体分布与气候平均态（图 2.1a）类似，但都比气候平均态偏强，在西太平洋上的空间分布主要表现为类似西部型（图 2.8a）的特征，同时在东北太平洋上具有东部型（图 2.8b）的特征。对应两类发展型天气尺度涡旋都比较弱时（图 2.8d），位势高度方差和涡动动能都显著偏小，并且没有位势高度方差大于 15dagpm^2 的区域。

以上分析表明，天气尺度涡旋变化的多样性导致风暴轴呈现多中心的特点，而西部型天气尺度涡旋和东部型天气尺度涡旋是造成在中高纬度的东太平洋上、西太平洋上风暴轴存在不一致现象的最主要因素。在两类天气尺度涡旋都比较弱的时候，位势高度方差和涡动动能很小，对月（季）尺度风暴轴的方差贡献也较小，而两类天气尺度涡旋的相对强弱又对月（季）尺度风暴轴的空间分布有重要影响。

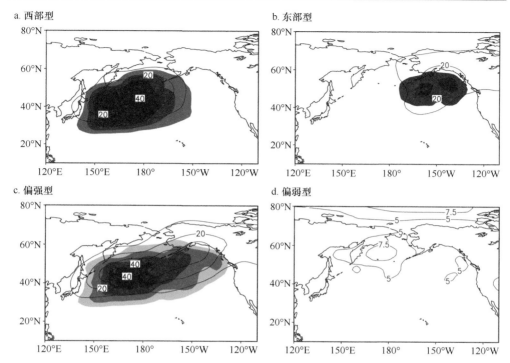

图 2.8　四类典型样本对应的 850hPa 天气尺度涡动动能平均值（等值线，单位：m²/s²）以及位势高度方差（阴影，单位：dagpm²）

阴影区为位势高度方差大于 15dagpm² 的区域，间隔为 5dagpm²

2.3　两类天气尺度涡旋的发展机制

　　实际大气中的天气尺度涡旋通常是以斜压波包的形式出现，有关中纬度天气系统的演变及其与波包的关系问题，早在 20 世纪 80 年代就开始了一系列研究（曾庆存和卢佩生，1980，1983；卢佩生，1987）。已有的研究表明，斜压波包的能量局限在有限空间范围，其发生和发展的能量来自基本气流的有效位能释放，在传播过程中呈现出"下游发展"特征，而波动能量向基本气流动能的转换以及摩擦耗散是天气尺度斜压波包衰减和消亡的机制（张备和谭本馗，2006；谭本馗，2008）。通过对观测资料的计算分析，Chang（1993）揭示出波包发展的主要能量源是斜压能量转换，而波包发生能量频散是与非地转风相联系的扰动位势高度散度造成的（郭文华，2014）。孙照渤和朱伟军（2000）通过对个例的分析发现，涡动非地转位势通量引起的"下游发展效应"是风暴轴维持的重要因素。袁凯（2012）也对涡动动能方程做过比较全面的合成分析，发现北太平洋东部风暴轴区域天气尺度扰动主要由扰动有效位能向涡动动能的斜压转换提供，而非地转位势通量散度作用不明显。

北太平洋上天气尺度涡旋具有两种主要存在形式,即西部型天气尺度涡旋和东部型天气尺度涡旋,这两类天气尺度涡旋都具有显著的斜压波特征,并且这两类天气尺度涡旋与风暴轴的空间形态关系密切。作为北太平洋上最重要的两类天气尺度涡旋,其发生发展的机制应该受到更多关注,对于平均气流在扰动能量传播过程中的具体作用,以及涡动动能方程中各项对扰动发展过程中涡动动能变化的贡献需要开展深入研究。由于天气尺度涡旋周期较短,较长时间的样本合成会存在作用项抵消效应,而对个例的能量收支无法回避样本少代表性不强的弊端。针对这些问题,下面通过研究两类天气尺度涡旋的移动状态,用合成位相法将所有的样本分为 8 个位相,每个位相对应天气尺度涡旋的一个移动状态,从而能较准确地计算涡动动能方程中各项的贡献,揭示两类天气尺度涡旋发生发展的机制。此外,由于采用 850hPa 资料进行分析时,东部型天气尺度涡旋可能会受到北美西海岸地形的影响,因此,以下选用 500hPa 资料进行分析。

以西部型天气尺度涡旋为例,表 2.2 给出了西部型天气尺度涡旋 8 个位相的分类依据。类似地,也可将东部型天气尺度涡旋分为 8 个位相。通过西部型天气尺度涡旋和东部型天气尺度涡旋 8 个位相所对应的 500hPa 位势高度扰动场和涡动动能场,分析天气尺度涡旋自西向东的移动特征(图 2.3,图 2.4)。

表 2.2 西部型天气尺度涡旋 8 个位相的分类依据

位相 1	位相 2	位相 3	位相 4	位相 5	位相 6	位相 7	位相 8
$PC1 \geqslant 0$	$PC1 \geqslant 0$	$PC1 < 0$	$PC1 < 0$	$PC1 < 0$	$PC1 < 0$	$PC1 \geqslant 0$	$PC1 \geqslant 0$
$PC2 \geqslant 0$	$PC2 \geqslant 0$	$PC2 \geqslant 0$	$PC2 \geqslant 0$	$PC2 < 0$	$PC2 < 0$	$PC2 < 0$	$PC2 < 0$
$PC1/PC2$ $\geqslant 1$	$PC1/PC2$ < 1	$\|PC1/PC2\|$ < 1	$PC1/PC2$ $\geqslant 1$	$PC1/PC2$ $\geqslant 1$	$PC1/PC2$ < 1	$\|PC1/PC2\|$ < 1	$\|PC1/PC2\|$ $\geqslant 1$

结合两类天气尺度涡旋合成的 8 个位相 500hPa 位势高度扰动和涡动动能(图 2.9)进行分析,可以发现涡动动能呈波状排列并伴随位势高度扰动向东传播。涡动动能的大值区位于位势高度扰动中心的两侧,这表明涡动动能以经向风扰动的贡献为主,且涡动动能的波长为位势高度扰动波长的一半。对比分析两类天气尺度涡旋的特征不难看出,西部型天气尺度涡旋和东部型天气尺度涡旋的涡动动能及位势高度扰动的大值区分别位于西北太平洋和东北太平洋,并且前者的强度比后者大。此外,东部型天气尺度涡旋对应的涡动动能大值区虽然也位于位势高度扰动中心两侧,但中心位置却明显偏南,这表明其纬向风扰动对动能贡献的重要性明显增大。通过对两类天气尺度涡旋波包的提取发现,西部型天气尺度涡旋对应的波包范围覆盖了自西北太平洋到东北太平洋的广大区域,而东部型天气尺度涡旋对应的波包范围却主要集中在北太平洋中部到北美西海岸区域。也就是说,西部型天气尺度涡旋的活动范围要比东部型天气尺度涡旋大得多,这是由

于西部型天气尺度涡旋更强，涡旋波的形态在自西向东传播的过程中更稳定，而东部型天气尺度涡旋相对较弱，并且涡旋波在自西向东传播的过程中形态变化明显，因此，同样强度的波包范围较小。

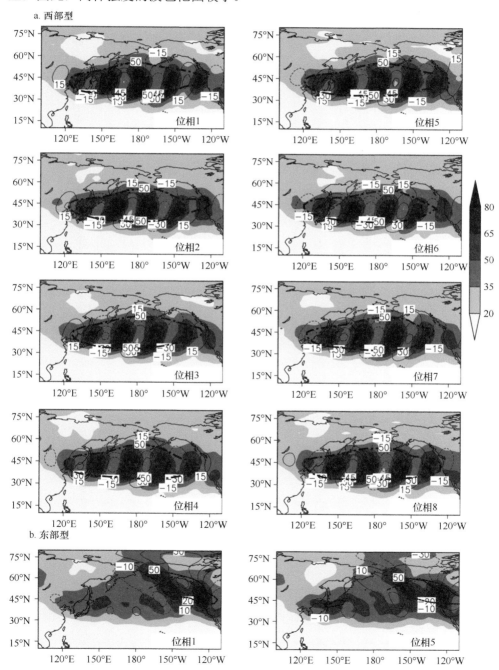

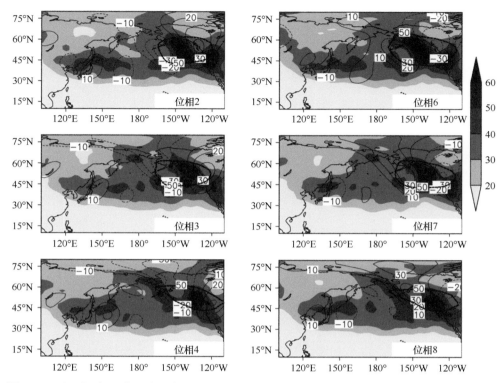

图 2.9　西部型天气尺度涡旋和东部型天气尺度涡旋分别合成的 500hPa 位势高度扰动（等值线，
单位：gpm）和涡动动能（阴影，单位：m²/s²）在 8 个位相的分布
黑虚线为 –50gpm 等值线对应的波包范围

为了研究影响两类天气尺度涡旋涡动动能变化的机制，选择两类天气尺度涡旋的位相 7 对涡动动能方程中各项的空间分布进行分析（其余各个位相结论类似）。涡动动能方程如下：

$$
\begin{aligned}
\frac{\partial K_{\mathrm{e}}}{\partial t} = &-\left(\overrightarrow{V_{\mathrm{m}}}\cdot\nabla K_{\mathrm{e}} + \omega_{\mathrm{m}}\frac{\partial K_{\mathrm{e}}}{\partial p}\right) - \nabla\cdot\left(\overrightarrow{v'}\varphi'\right) + \varphi'\nabla\cdot\overrightarrow{v'} \\
&-\left[\overrightarrow{v'}\cdot\left(\overrightarrow{v'}\cdot\nabla\overrightarrow{V_{\mathrm{m}}} + \omega'\frac{\partial\overrightarrow{V_{\mathrm{m}}}}{\partial p}\right)\right] - \omega'\alpha'
\end{aligned}
\tag{2.1}
$$

式中，$K_{\mathrm{e}} = \dfrac{1}{2}(u'^2 + v'^2)$ 为局地涡动动能（EKE）；$\overrightarrow{v'} = u'\vec{i} + v'\vec{j}$ 为涡动水平风矢量；ω' 为涡动垂直速度；φ' 为涡动位势；α' 为比容的涡动部分；p 为气压；$\overrightarrow{V_{\mathrm{m}}}$ 为时间平均的水平风矢量；ω_{m} 为时间平均的垂直速度。

图 2.10 是由涡动动能方程计算得到的西部型天气尺度涡旋对应位相 7 的涡动

动能方程中各项的空间分布。由图 2.10 可以看出，局地涡动动能的逐日变化呈波状分布（图 2.10a）；平均流对涡动动能的平流项量级较大（图 2.10b），并且该项的空间分布与涡动动能局地倾向变化一致，对局地涡动动能变化具有决定性作用；扰动非地转位势通量散度项的量级比涡动动能局地倾向略小（图 2.10c），但空间分布与涡动动能局地倾向变化相反，这说明该项对局地涡动动能变化起反作用；时间平均动能与涡动动能之间的正压转换项量级较小（图 2.10e），但该项在太平洋中西部与涡动动能局地倾向变化一致，因此，该项对局地涡动动能变化具有一定的正作用；扰动位能向涡动动能的斜压转换项量级很大（图 2.10f），且以正值为主呈波状分布，大值区位于该位相涡动动能大值区的下游，因此，该项是扰动发展的主要能量来源。从图 2.10f 还可以看出，该项的能量最大供应区域位于西北太平洋，到东北太平洋后该项显著减小，这说明是东北太平洋的斜压能量供应较弱，从而导致了西部型天气尺度涡旋到东北太平洋就逐渐减弱消亡。扰动速度散度项（$\varphi'\nabla \cdot \vec{v'}$）是涡动位能向涡动动能的斜压转换项和扰动能量的垂直输送项之和（图 2.10d），可以看出该项以正为主，且呈波状分布，大值区与涡动动能局地倾向的正值区相对应，因此该项是扰动发展的净能量来源。从图 2.10d 呈现的空间分布还可以看出，在 150°E 以西该项是自西向东增长的，对应涡动动能增大，而在 150°E 以东该项大值区的范围向南北延伸，但强度减小，对应涡动动能减小。这是由于 150°E 以西区域对应着风的强垂直切变，因此该区域斜压性偏强，有利于斜压能量的释放；而 150°E 以东由于基本气流对波动能量的频散和扰动能量的垂直输送，扰动发展的净能量供应逐步减少。因此，西部型天气尺度涡旋发展所需的主要能量源自垂直风切变导致的大气斜压能量释放。

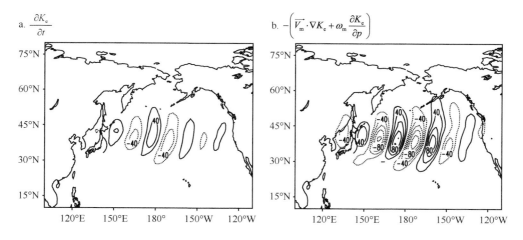

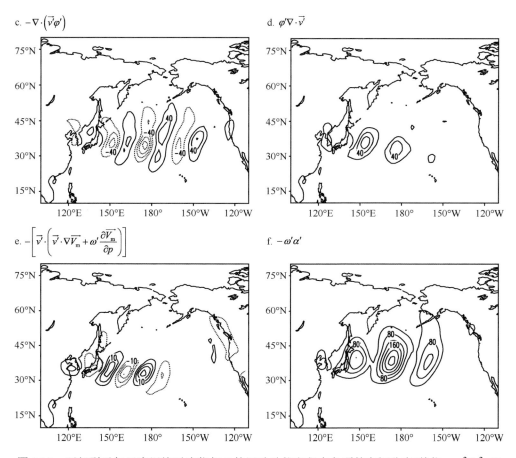

图 2.10　西部型天气尺度涡旋对应位相 7 的涡动动能方程中各项的空间分布[单位：m²/(s²·d)]

　　类似地，也可以计算东部型天气尺度涡旋的涡动动能变化情况，与西部型天气尺度涡旋对应的涡动动能局地变化不同，东部型天气尺度涡旋对应的涡动动能局地倾向在北美西部海区呈西北-东南向的波动分布（图 2.11a），动能变化的大值区位于国际日期变更线以东；东部型天气尺度涡旋涡动动能的局地变化幅度比西部型天气尺度涡旋小。比较图 2.10 和图 2.11 可以看到，东部型天气尺度涡旋对应的涡动动能方程中各项和西部型天气尺度涡旋既有相似之处，又有不同的特征。相似之处是平均流对涡动动能的平流项对涡动动能的局地变化具有决定性作用，而扰动非地转位势通量散度项为反作用；扰动位能向涡动动能的斜压转换项为扰动发展的主要能量来源，而扰动速度散度项（$\varphi' \nabla \cdot \vec{v'}$）为扰动发展的净能量来源。不同之处在于时间平均动能与涡动动能之间的正压转换项的空间分布没有明显规律，因此，该项对涡动动能局地倾向的贡献不明显。东部型天气尺度涡旋扰动位能向涡动动能的斜压转换项表明太平洋西部斜压能量的释放比西部型天气尺度涡旋显著偏小，而东北太平洋—北美西海岸区域斜压能量的释放比西部型天气尺度涡旋显著偏大。扰动速度散度项在北美西海岸呈显著的波列分布，这与涡动动能局地变化相一致，是涡动动能局地变化的主要能量供应项。与西部型天气尺度涡旋相比，由于能量净供应区域范围仅限于北美西海岸附近，因此东部型天气尺度涡旋也主要位于该区域。此外，通过对东部型天气尺度涡旋 8 个位相涡动动能各项的分析发现，涡动动能的局地变化项沿着北美大脊后的西北-东南向气流呈波列向东南传播，而涡动动能的净能量供应大值区也在北美西海岸附近。因此，东部型天气尺度涡旋的发展演变可能与北美西海岸独特的地形强迫导致的斜压能量释放有关。

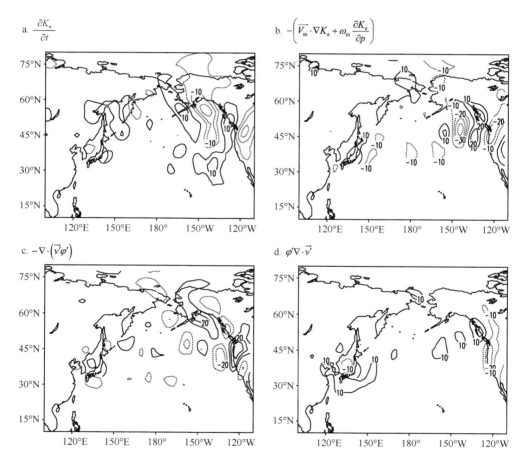

a. $\dfrac{\partial K_{\mathrm{e}}}{\partial t}$

b. $-\left(\vec{V}_{\mathrm{m}} \cdot \nabla K_{\mathrm{e}} + \omega_{\mathrm{m}} \dfrac{\partial K_{\mathrm{e}}}{\partial p}\right)$

c. $-\nabla \cdot \left(\vec{v'}\varphi'\right)$

d. $\varphi' \nabla \cdot \vec{v'}$

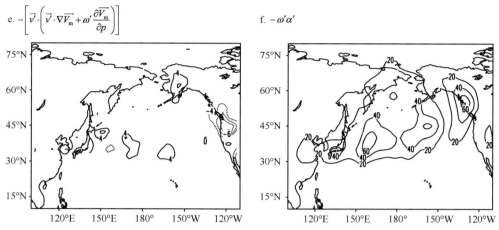

图 2.11　东部型天气尺度涡旋对应位相 7 的涡动动能方程中各项的空间分布[单位：m²/(s²·d)]

由前文的分析可以发现，在影响涡动动能局地变率的各项中，平均流对涡动动能的平流项量级最大，而中纬度地区纬向风的特征最为明显，这说明纬向风的强度与两类天气尺度涡旋关系密切。而天气尺度涡旋产生的重要原因则是大气的斜压性，因此，接下来再用合成分析的方法分析两类天气尺度涡旋发生发展的有利条件。

定义西部型天气尺度涡旋强度指数（PCw）和东部型天气尺度涡旋强度指数（PCe）为：$PCw = \sqrt{PC1^2 + PC2^2}$、$PCe = \sqrt{PC3^2 + PC4^2}$。图 2.12 是 1948 年 12 月 1 日至 1949 年 2 月 28 日 PC1、PC2 和 PCw 的时间演变。由于 EOF1 和 EOF2 是正交的，PC1 和 PC2 有 π/2 的位相差，并且 PC1 总在 PC2 达到峰值之后 1d 达到峰值。可见，PCw 能较好地反映 PC1 和 PC2 的变率，即当 PCw 达到峰值时对应较强的西部型天气尺度涡旋。其他年的对比数据也表明 PCw 能较好地表现西部型天气尺度涡旋的强度。同理，PCe 与 PC3 和 PC4 的关系表明 PCe 能很好地表现东部型天气尺度涡旋的强度。

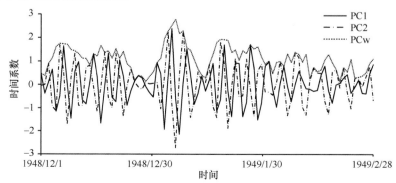

图 2.12　1948 年 12 月 1 日至 1949 年 2 月 28 日 PC1、PC2 和 PCw 的时间演变

根据标准化的 PCw 和 PCe，选取 PCw 大于 1 且 PCe 小于−1 的典型样本（共149 个）作为西部型天气尺度涡旋的典型样本，选取 PCe 大于 1 且 PCw 小于−1 的典型样本（共 136 个）作为东部型天气尺度涡旋的典型样本。基于选出来的典型样本，下面对计算的各个要素场合成的差值场进行分析。

由于海洋是影响大气最重要的外强迫源，针对两类天气尺度涡旋的大气环流异常特征，计算西部型天气尺度涡旋和东部型天气尺度涡旋的 SST 差值场。从图2.13a 可以看出，SST 差值场呈现出西风漂流区的海温负异常、北美西海岸和热带中太平洋的海温正异常。这表明，中纬度西风漂流区海温偏低，而热带中太平洋和北美西海岸海温偏高，有利于西部型天气尺度涡旋发生；反之，中纬度西风漂流区海温偏高，而热带中太平洋和北美西海岸海温偏低，则有利于东部型天气尺度涡旋发生。此外，从 SST 差值场（图 2.13a）可以看到，西部型天气尺度涡旋与东部型天气尺度涡旋在西风漂流区南侧（35°N 以南）的 SST 差值场为弱的正异常区，因此该区域海温梯度场（图 2.13b）为明显负异常，与该区域海温梯度气候态一致，表明海温梯度增大。

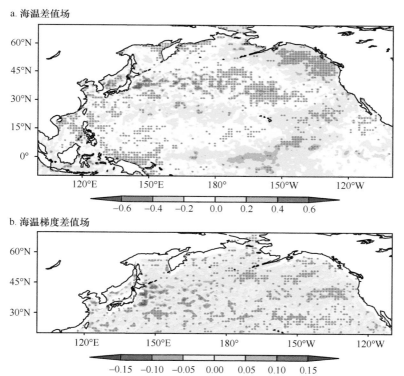

图 2.13 西部型天气尺度涡旋与东部型天气尺度涡旋对应的 SST 差值场（单位：K）和海温梯度差值场[单位：K/(°)]

打点区域为达到 95%置信度的区域

海温梯度作为影响大气活动的重要因素，可以在一定程度上影响大气的温度梯度，从而影响大气的斜压性。由于 SST 差值场（图 2.13a）显示中纬度比较显著，因此主要分析中纬度北太平洋的海温梯度。从西部型天气尺度涡旋与东部型天气尺度涡旋对应的海温梯度差值场（图 2.13b）可以看到，北太平洋西侧以 40°N 为界，南侧（以下称为北太平洋西南侧）为显著的负值区，北侧（以下称为北太平洋西北侧）为显著的正值区，而东北太平洋上海温梯度差值场以正值为主。这表明当北太平洋西北侧和东北太平洋海温梯度较小，而北太平洋西南侧海温梯度较大时，有利于西部型天气尺度涡旋发展；反之，当北太平洋西北侧和东北太平洋海温梯度较大，而北太平洋西南侧海温梯度较小时，则有利于东部型天气尺度涡旋发展。

根据各类关于风暴轴机制的分析以及对两类天气尺度涡旋和风暴轴关系的讨论，可以得到如下结论：热带中东太平洋海温偏高而北太平洋中部海温偏低时，通过对大气环流的影响，风暴轴中心轴线偏南，即月尺度上西部型天气尺度涡旋较多或较强，图 2.13a 的结果也表明热带太平洋中部海温偏高而中纬度西风漂流区海温偏低时，有利于西部型天气尺度涡旋发展；热带中东太平洋海温偏低而北太平洋中部海温偏高时，通过对大气环流的影响，风暴轴中心轴线偏北，即月尺度上东部型天气尺度涡旋较多或较强，热带太平洋中部海温偏低而中纬度西风漂流区海温偏高时，有利于东部型天气尺度涡旋发展。因此，热带太平洋中部和中纬度西风漂流区海温反向的变化无论是在月尺度上影响风暴轴，还是在更短的时间尺度上影响天气尺度涡旋，其影响方式是一致的。

海温异常和海温梯度异常必然会导致海气之间的热通量异常。从两类天气尺度涡旋对应的感热通量差值场（图 2.14a）可以看到，在 30°N～45°N 的中纬度区域，日本以东到 160°E 海面上为显著正值区，160°E 以东到国际日期变更线附近为显著负值区，而国际日期变更线以东又有一个弱的正值区和一个负值区直到北美西海岸，呈类似波状分布的结构，并且波长与天气尺度涡旋相近。而从相应的潜热通量差值场（图 2.14b）分布可以看出，潜热通量也呈现类似感热通量的特征。其中，45°N 南侧热通量差值场呈波状分布的原因在于西部型天气尺度涡旋是北太平洋上空最重要的天气尺度涡旋表现形式，因此西部型天气尺度涡旋除了受下垫面的影响，其温度扰动的结构还会影响感热和潜热，导致热通量差值场呈现波状结构。例如，从图 2.3 可以看出，温度扰动有明显的波状特征，而下垫面 SST 的变化远小于大气温度扰动量，因此天气尺度涡旋移动经过海面，就会造成热通量也呈波状分布。此外，注意到感热通量和潜热通量的差值场中，正值最显著的区域位于 30°N～45°N、120°E～150°E，而负异常区位于东北太平洋上，这与两类天气尺度涡旋（图 2.3，图 2.4）扰动发展最强的位置不同，因此，这样的差值场空间分布并不完全是由扰动影响造成的，而 SST 和海温梯度场的强迫也是造成这两个区域感热通量和潜热通量分布特征的重要原因。比较图 2.13 和图 2.14 不难发现，北太平洋西南侧和东北太平洋上的海温梯度异常与热通量正（负）值中心高度一致，而考虑到海温梯度异常对斜压性的影响作用，可以发现北太平洋西南侧海温梯度偏大时，有利于该区域海气热交换的发生，使得西部型天气尺度涡旋产生的区域（30°N～45°N，120°E～150°E）热通量显著偏强，而东北太平洋海温梯度偏弱时，也导致东北太平洋上热通量显著偏弱，反之亦然。

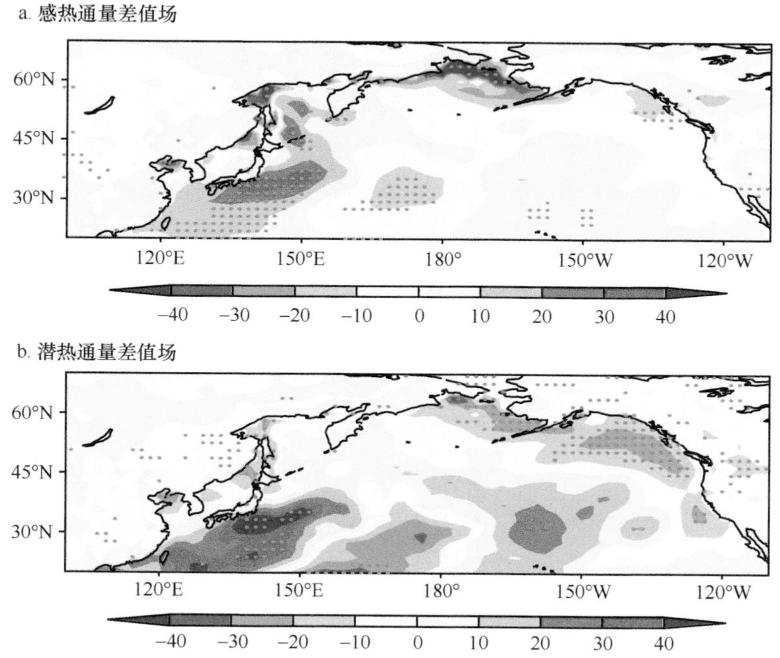

图 2.14　西部型天气尺度涡旋与东部型天气尺度涡旋对应的感热通量差值场和潜热通量差值场（单位：W/m²）

打点区域为达到 95%置信度的区域

大气温度梯度作为大气斜压性的一个重要指标，对两类天气尺度涡旋的发生发展有直接的影响。图 2.15 给出了西部型天气尺度涡旋与东部型天气尺度涡旋对应的大气温度梯度在垂直经圈剖面上的差值场。由于西部型天气尺度涡旋发生发展的区域主要在 40°N 附近的北太平洋西侧，而东部型天气尺度涡旋发生发展的区域主要在 50°N 附近的东北太平洋上，因而图 2.15 分别给出了北太平洋西侧（140°E～180°）和东北太平洋（160°W～110°W）平均的大气温度梯度在垂直经圈剖面上的差值场。从图 2.15a 可以看到，北太平洋西侧气候态的大气温度梯度在垂直方向上呈现出显著的斜压结构，中纬度地区 250hPa 以上大气温度梯度为正，250hPa 以下大气温度梯度为负，250hPa 以下的对流层大气温度梯度负异常表示大气温度梯度增大。从差值场可以看出，1000hPa 上 20°N～30°N 为显著的负值，而 40°N 附近有弱的正值存在。这表明西部型天气尺度涡旋对应北太平洋西侧 20°N～30°N 区域大气温度梯度偏大。

a. 140°E～180°平均

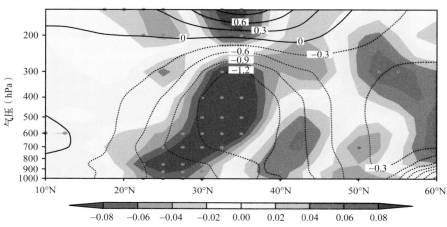

b. 160°W～110°W平均

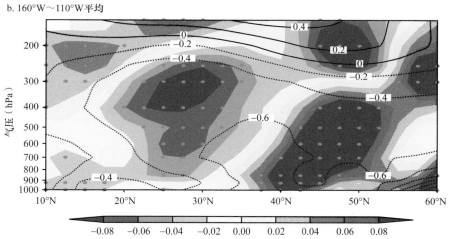

图2.15 西部型天气尺度涡旋与东部型天气尺度涡旋对应的大气温度梯度在垂直经圈剖面上的差值场[填色，单位：K/(°)]

等值线为气候态的大气温度梯度；打点区域为达到95%置信度的区域

北太平洋西侧 SST 差值场（图 2.13a）表现为 30°N 以北为负值，30°N 以南为正值，且海温梯度差值场（图 2.13b）在 30°N 以南也为负值，热通量差值场（图 2.14）在该区域为显著的正值，这表明西部型天气尺度涡旋发生时，北太平洋西侧 20°N～30°N 区域海温偏高，海温梯度和感热通量偏大，这些因素的共同作用导致该区域大气温度梯度显著增大，而东部型天气尺度涡旋则相反。

从图 2.15b 可以发现，1000hPa 上东北太平洋 37.5°N～42.5°N 区域为显著的正值区，这表明西部型天气尺度涡旋发生时，该区域大气温度梯度显著较小，而东部型天气尺度涡旋发生时，该区域大气温度梯度较大。结合图 2.13 和图 2.14 同样可以得出，东部型天气尺度涡旋发生时，北太平洋东侧 37.5°N～42.5°N 区域海温偏高，海温梯度偏大，易导致该区域大气温度梯度显著增大，而西部型天气尺度涡旋则相反。

在垂直方向上，从图 2.15 可以看出，1000hPa 上北太平洋西侧 20°N～30°N 的显著负值区和东北太平洋 37.5°N～42.5°N 的显著正值区随着高度的升高向北倾斜，也显示出该区域的强斜压性特征。西部型天气尺度涡旋偏强时（图 2.15a），850hPa 大气温度梯度偏大的区域位于北太平洋西侧 22.5°N～30°N，而 500hPa 大气温度梯度偏大的区域位于北太平洋西侧 30°N～35°N，正好都位于涡旋中心移动路径的南侧（涡旋中心移动路径为 40°N 附近），对应高空西风急流区的位置。前人的研究表明（Hoskins and Valdes，1990），风暴轴总是位于急流北侧，并且随急流轴一起南北移动，而急流所在的区域正好是大气的强斜压区，为涡旋的发生发展提供了充足的斜压能量。而东部型天气尺度涡旋偏强时，850hPa 和 500hPa 大气温度梯度偏大的区域也位于天气尺度涡旋中心路径南侧的 40°N～47.5°N 和 42.5°N～52.5°N（涡旋中心移动路径在 850hPa 和 500hPa 分别位于 50°N 附近和 55°N 附近）。

总之，对于典型的西部型天气尺度涡旋而言，北太平洋西侧 20°N～30°N 区域海温偏高，并且海温梯度和感热通量偏大，引起该海域北侧上空（急流区）大气温度梯度增大，即斜压性增强，从而为斜压有效位能向涡动动能的转换提供了条件，有利于西部型天气尺度涡旋的发展。而对于典型的东部型天气尺度涡旋来说，北太平洋东侧 37.5°N～42.5°N 区域海温偏高，海温梯度偏大，易导致该区域大气温度梯度显著增大，其北侧的高空中大气温度梯度偏大，从而也有利于东部型天气尺度涡旋的发展。需要说明的是，对于逐日天气尺度涡旋的合成发现，强斜压区出现在天气尺度涡旋中心的南侧，这与急流区的强斜压性有关，斜压性最强的区域位于风暴轴最强区域南侧，而研究表明急流区的位置与风暴轴的位置具有明显的一致性，因此，风暴轴的强中心总出现在急流出口区的北侧（尹锡帆，2015）。

前文关于涡动动能方程中各项的分析表明，平均流的水平平流对涡动动能的输送是局地涡动动能变化的主要原因，对于自西向东传播的两类天气尺度涡旋而言，纬向风对涡动动能的传播至关重要。此外，中纬度北太平洋的纬向风区位于阿留申低压南侧，因此其与阿留申低压关系密切，下面将分析 850hPa

和 500hPa 两类天气尺度涡旋对应的位势高度差值场（图 2.16）和纬向风差值场
（图 2.17）。

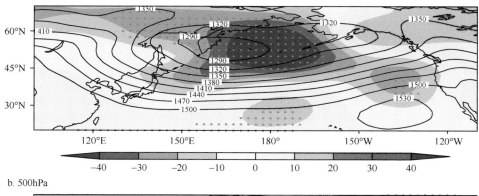

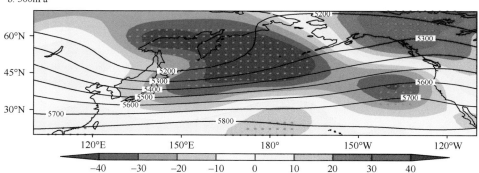

图 2.16　西部型天气尺度涡旋与东部型天气尺度涡旋对应的位势高度差值场（填色，单位：gpm）
等值线为气候态的等位势高度线；打点区域为达到 95% 置信度的区域

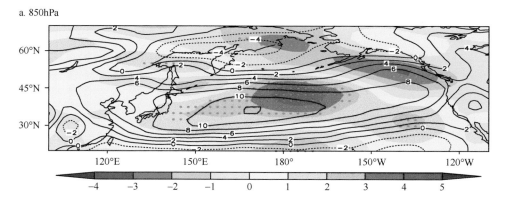

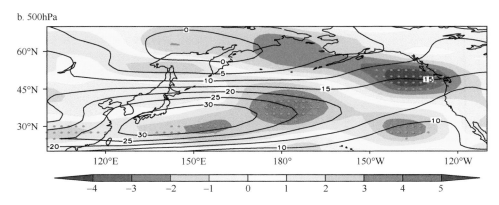

图 2.17　西部型天气尺度涡旋与东部型天气尺度涡旋对应的纬向风差值场（填色，单位：m/s）
等值线为气候态的纬向风场；打点区域为达到 95%置信度的区域

由图 2.16 可知，冬季北太平洋上空 850hPa 位势高度气候态的最主要特征是阿留申低压闭合的低压中心，500hPa 上则对应于东亚大槽。就气候平均态而言，850hPa 等位势高度线在中纬度北太平洋上空的斜率大于 500hPa 等位势高度线在该区域的斜率，考虑到等值线间的风场方向和平均气流强度对涡动动能传播具有重要作用，这很好地解释了 850hPa 风暴轴的斜率大于 500hPa 风暴轴的斜率，前者呈西南-东北向，后者更偏向于东西向。

两类天气尺度涡旋在 850hPa 上的位势高度差值场主要表现为北太平洋北侧区域（45°N~65°N，150°E~150°W）为显著负值区，该区域位于阿留申低压中心附近；此外，副热带北太平洋区域（20°N~30°N，150°E~170°W）为显著正值区，而东北太平洋上存在弱的正值区，美国西海岸则存在一个弱的负值区。这表明 850hPa 西部型天气尺度涡旋偏强时，阿留申低压偏强且位置偏西，副热带高压也偏强；而东部型天气尺度涡旋偏强时，则对应北太平洋西侧阿留申低压偏弱，副热带高压也偏弱，但在东北太平洋上以 50°N 为界，其北侧位势高度减小，而南侧位势高度增大。

陈涛（2004）的研究表明，热带中东太平洋海温偏高而西风漂流区海温偏低时，海洋通过热通量等海气相互作用机制，最终导致西风漂流区上空的阿留申低压和其南侧的纬向风增强。结合图 2.13a 的 SST 差值场和图 2.16 的位势高度场可以发现，西部型天气尺度涡旋发生时，西风漂流区海温偏低而热带中太平洋海温偏高，这有利于阿留申低压增强，和陈涛（2004）的研究结果一致，反之则有利于东部型天气尺度涡旋的发生。两类天气尺度涡旋在 500hPa 上位势高度差值场与850hPa 的类似，只是相应的显著性区域增大。

两类天气尺度涡旋对应的位势高度差值场分布（图 2.16）是造成对应的纬向风差值场分布（图 2.17）的原因。850hPa 平均态的纬向风在北太平洋中纬度均是纬向西风控制，西风的大值中心位于 37°N、170°E 附近，而 500hPa 平均态的纬向风在北太平洋上空以西风为主，西风的大值中心位于 32°N、150°E 附近，位置比 850hPa 的西风大值中心偏南偏西，这也是该地区大气斜压结构的体现。两类天气尺度涡旋在 850hPa 上的纬向风差值场主要表现为中纬度北太平洋的正值区和东北太平洋的负值区，这与图 2.16 的位势高度差值场相对应。西部型天气尺度涡旋发生时，北太平洋西侧阿留申低压增强，副热带高压也增强，根据风压定律可知中纬度两者之间区域纬向风增强，同理东北太平洋上纬向风减弱；东部型天气尺度涡旋发生时则相反。两类天气尺度涡旋在 500hPa 上纬向风的差值场与850hPa 的也类似，不再赘述。考虑到两类天气尺度涡旋对应的 SST 差值场（图2.13a），热带中太平洋海温偏高而西风漂流区海温偏低对应阿留申低压和其南侧纬向风增强。

　　最大 Eady 增长率 σ 常用于表征大气斜压不稳定性（Lindzen and Farrell，1980），如无特殊说明，后文均以最大 Eady 增长率表征大气斜压性，其计算公式为

$$\sigma = -0.31 \frac{g}{N\theta} \frac{\partial \theta}{\partial y} \qquad (2.2)$$

式中，θ 为位温，$\dfrac{\partial \theta}{\partial y}$ 为位温经向梯度；g 为重力加速度；N 为 Brunt-Väisälä 频率。可见，大气斜压性主要受到大气温度经向梯度及大气静力稳定度的影响，而根据热成风关系，大气温度经向梯度与纬向风的垂直切变有关。

　　图 2.18 是 850hPa 和 500hPa 两类天气尺度涡旋对应的大气斜压性差值场。由图 2.18a 可以看出，两类天气尺度涡旋在 850hPa 上大气斜压性差异最显著的区域有两个，即 30°N 附近西南-东北走向的正值区和东北太平洋上的负值区。这表明西部型天气尺度涡旋偏强时，其中心路径南侧存在斜压性偏强的区域，该区域的位置与纬向风最强的位置对应，而东北太平洋上斜压性偏弱。这种大气斜压性的分布有利于天气尺度涡旋在高空急流轴的北侧发生发展，而不利于天气尺度涡旋在东北太平洋上发生发展。当东北太平洋斜压性偏强，而急流附近的斜压性没有显著增强时，则有利于东部型天气尺度涡旋在东北太平洋发生发展，相应地，西部型天气尺度涡旋则会较弱。两类天气尺度涡旋在 500hPa 上的大气斜压性差值场（图 2.18b）也呈现出类似的特征，只是急流附近的显著正值区呈东西向分布，与850hPa 有所不同，这与两个高度层上风暴轴的平均状态相对应，850hPa 平均风暴轴呈西南-东北向，而 500hPa 风暴轴在北太平洋西侧呈东西向（图 2.1）。此外，与850hPa 差值场上两个显著的异常区域相比，500hPa 对应的两个区域位置偏北，这与图 2.15 中大气温度梯度显著区在垂直方向上随高度向北倾斜相一致。

　　综合前文的分析，北太平洋西侧 20°N～30°N 区域海温偏高，并且海温梯度和感热通量偏大，引起急流出口区上空大气温度梯度增大，即斜压性增强，从而

增强了斜压有效位能向涡动动能的转换；北太平洋西风漂流区海温偏低和热带中太平洋海温偏高，导致阿留申低压和其南侧纬向风增强，从而引起急流出口区附近大气斜压性增强，有利于平均有效位能向涡动动能转换；鉴于平均流对涡动动能的平流项在涡动动能局地变化上具有决定性作用，增强的纬向风有利于涡动动能向东传播。总之，热带中太平洋和北美西海岸海温偏高而西风漂流区海温偏低的海温分布通过海气相互作用，导致急流出口区大气的斜压性增强，并且使得北太平洋中部纬向风增强，有利于西部型天气尺度涡旋发生发展和传播。反之，热带中太平洋和北美西海岸海温偏低而西风漂流区海温偏高的海温分布，导致东北太平洋上空大气斜压性增强，并且该区域纬向风增强，有利于东部型天气尺度涡旋发生发展和传播。

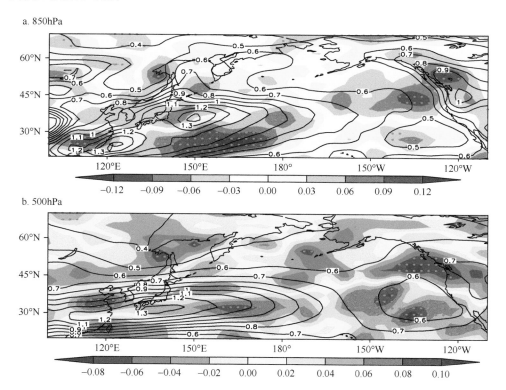

图 2.18　西部型天气尺度涡旋与东部型天气尺度涡旋对应的大气斜压性差值场（填色，单位：d^{-1}）
等值线为气候态的大气斜压性；打点区域为达到 95% 置信度的区域

第 3 章　北太平洋风暴轴的分类和发展机制

自风暴轴被发现以来，由于其独特的天气学和气候学意义，相关的研究一直得到了较多的关注（Blackmon，1976）。风暴轴的研究揭示了其空间结构和时间变率等多方面的特征。有研究表明，20 世纪 70 年代以后，北太平洋风暴轴中心有偏东偏北的趋势。进一步的研究发现，风暴轴东侧和中西侧的结构有显著差异（李莹等，2010）。朱伟军和李莹（2010）对北太平洋风暴轴年代际变化的研究发现，北太平洋风暴轴在年代际时间尺度上有两种主要模态，即风暴轴主体的一致变化和风暴轴中东部的南北经向异常，前者可能与下游发展效应有关，而后者可能与太平洋年代际振荡（PDO）的冷暖位相有关。近年来，越来越多的研究者关注到风暴轴东、西两侧的差异。Huang 等（2002）发现，北太平洋风暴轴东侧的异常变化除了有不同时间尺度的变化，还与阿留申低压的低频变化有关。任雪娟等（2007a，2007b）发现，北太平洋风暴轴东部的北抬和南压过程是风暴轴的重要空间变率，这可能与 KE 海域海洋锋的变化有关。近年来，朱伟军等（2013）通过分析北太平洋东部风暴轴的时空演变特征，将风暴轴按最大值中心的纬向位置差别分为西部型、中部型和东部型，夏淋淋等（2016）指出东部型风暴轴与其他两类风暴轴在形成机制和结构特征上有显著差异。

目前国内外学者对风暴轴的分类进行了很多有益的探索，但还没有比较一致的结论，因此有必要对风暴轴的分类开展深入研究。前人的研究着眼于风暴轴的纬向差异，而本章从风暴轴的经向差异角度对北太平洋风暴轴进行分类研究。本章首先提取风暴轴的中心轴线来表征风暴轴的空间结构，以风暴轴中心轴线为分类对象，采用模糊 C 均值聚类分析法将风暴轴分为平均型、偏北型和偏南型三类，在确定了该分类方法的合理性之后，合成分析三类风暴轴对应的海气异常型，探讨三类风暴轴的发展机制，研究天气尺度涡旋与风暴轴及低频大气环流的关系，最后揭示了西北太平洋热带气旋活动对北太平洋风暴轴的影响。

3.1　风暴轴的表征

本章采用以下两个物理量表征风暴轴（傅刚等，2009）：①天气尺度位势高度方差 $\overline{Z'^2} = \frac{1}{n}\sum_{t=1}^{n}(Z_t - \overline{Z})$；②天气尺度涡动动能 $\overline{K'^2} = \frac{1}{2}\left(\overline{u'^2} + \overline{v'^2}\right) = \frac{1}{2}\left[\frac{1}{n}\sum_{t=1}^{n}\left(u_t - \overline{u}\right)^2 +\right.$

$\dfrac{1}{n}\displaystyle\sum_{t=1}^{n}\left(v_t-\overline{v}\right)^2\Big]$。其中，$Z_t$、$u_t$、$v_t$分别是某一时刻的位势高度、纬向风和经向风；$\overline{Z}$、$\overline{u}$、$\overline{v}$分别是经时间平均后的平均位势高度、平均纬向风和平均经向风，n为时间序列长度，带撇的变量为相对于平均量的扰动值。

计算 1948～2010 年北太平洋冬季平均的 850hPa 和 500hPa 天气尺度位势高度方差和涡动动能，得到两个物理量在各个高度层的水平分布（图 3.1）。从图 3.1a可以发现，850hPa 上位势高度方差呈西南-东北向的带状分布，具有两个中心，其主中心位于 160°E～180°的 40°N 附近，弱中心位于 55°N、140°W 附近。偏西的主中心强度大于 16dagpm^2，偏东的中心强度大于 12dagpm^2，后者相对前者范围较小。涡动动能表示的风暴轴则只有一个主中心位于北太平洋上，较位势高度方差的主中心偏南偏西。500hPa 上用位势高度方差和涡动动能表征的风暴轴特征与850hPa 基本一致，但强度和范围都较 850hPa 要大，且最大中心位置均较 850hPa偏南（图 3.1b），而用 300hPa 位势高度方差和涡动动能表征的风暴轴强度更大，且中心位置更偏东偏南。

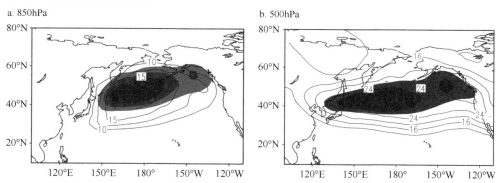

图 3.1　1948～2010 年北太平洋冬季平均的 850hPa 和 500hPa 天气尺度位势高度方差（阴影，
单位：dagpm^2）和天气尺度涡动动能（等值线，单位：m^2/s^2）的水平分布
a 图中阴影区为位势高度方差大于 10dagpm^2 的区域，间隔为 2dagpm^2；b 图中阴影区为位势高度方差大于 18dagpm^2
的区域，间隔为 3dagpm^2

对流层不同高度风暴轴的特征有所区别，并且不同物理量表征的风暴轴也有一定的差异。总体而言，对流层中低层（500hPa 和 850hPa）的风暴轴平均态都呈现出两个中心的特点，其在西北太平洋和东北太平洋上各有一个中心，并且对流层中低层位势高度方差和涡动动能两个物理量表征的风暴轴特征相近，特征稳定。而 300hPa 由于位于对流层高层，其斜压性偏弱，两个物理量呈现出的风暴轴特征相差较大。因此，本章着重分析 850hPa 和 500hPa 上风暴轴的特征。由于大气的斜压性，风暴轴在 850hPa 和 500hPa 上虽然有不同的特征，但其中心分布以及形态特征有较好的一致性，用模糊 C 均值聚类分析法对 850hPa 和 500hPa 的风暴轴

进行了分类，可以得到比较类似的特征，下面以用 500hPa 位势高度方差表征的风暴轴分类结果为例进行分析。

风暴轴为天气尺度涡旋方差大值区域，这里用风暴轴中心轴线自西向东的走势来表征风暴轴的空间分布。图 3.2 为 1948～2010 年北太平洋冬季平均的 500hPa 天气尺度位势高度方差的水平分布，等值线的极大值区域呈带状分布，而点线为极大值连线，可以很好地表征风暴轴的空间分布。可见，北太平洋上天气尺度位势高度方差大于 18dagpm^2 的区域主要集中在 130°E～130°W，将 130°E～130°W 北太平洋天气尺度位势高度方差场的极大值连线称作风暴轴中心轴线（夏淋淋等，2016）。

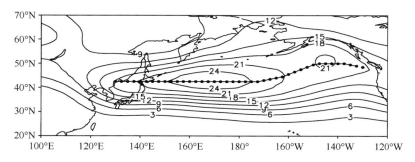

图 3.2　1948～2010 年北太平洋冬季平均的 500hPa 天气尺度位势高度方差的水平分布（单位：dagpm^2）

3.2　北太平洋风暴轴的分类

计算 1948～2010 年北太平洋冬季 189 个月的 500hPa 天气尺度位势高度扰动方差，在 130°E～130°W 月平均方差最大值连线即为每月风暴轴中心轴线。以风暴轴中心轴线的纬度为变量，用模糊 C 均值聚类分析法将风暴轴分类，多组分类试验表明，将风暴轴分为三类时各类风暴轴样本数相差不大，空间分布差异显著，因此，最终将风暴轴分为三类，各类风暴轴中心轴线如图 3.3 中点线所示。根据聚类中心线得到 189 个月对应该类风暴轴的隶属函数，如果某月某类风暴轴的隶属函数大于 0.5，则该月风暴轴隶属于该类别，从而得到 189 个月对应的三种风暴轴类型分别对应的天气尺度位势高度扰动方差的水平分布，如图 3.3 所示（夏淋淋等，2016）。可见，根据风暴轴中心轴线所在纬度进行区分，可以将其划分为平均型、偏北型和偏南型。

从图 3.3 可以看出，三类风暴轴的中心轴线与 500hPa 天气尺度位势高度扰动方差的大值区相吻合，因此，根据风暴轴中心轴线得到的聚类中心线，能够表征各类风暴轴的主要特征和空间分布。

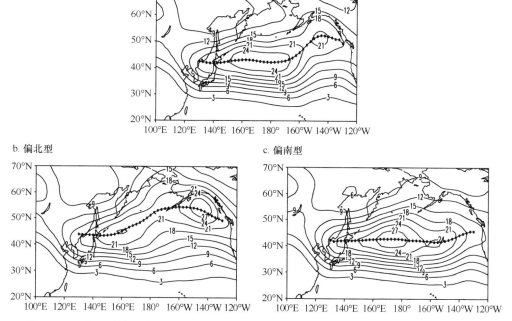

图 3.3　三类风暴轴对应的 500hPa 天气尺度位势高度方差的水平分布（单位：dagpm²）

点线为风暴轴中心轴线

从图 3.3 还可以看出，三类风暴轴在空间形态上差异显著。平均型风暴轴与气候态的风暴轴空间形态（图 3.2）相似，故称其为平均型。平均型风暴轴有两个大值中心，由于风暴轴与天气尺度涡旋活动有很好的对应关系，因此两个大值中心分别对应天气尺度涡旋的两次发展过程，但其中主要的大值中心位于国际日期变更线以西 45°N 附近。从空间形态上来说，平均型风暴轴中心轴线在 170°W 以西维持东西向，在 170°W 以东由西南-东北向转为西北-东南向，转折点在 145°W 附近，而风暴轴中心轴线的分布对应天气尺度涡旋的移动路径，因此，170°W 以西天气尺度涡旋自西向东运动，170°W 以东则有北折和南折过程（图 3.3a）。偏北型风暴轴比平均型风暴轴的平均位置偏北，尤其是主要大值中心偏北，故称其为偏北型（图 3.3b）。和平均型风暴轴类似，偏北型风暴轴也有两个大值中心，但其中主要的大值中心位于 55°N、145°W 附近，其中心轴线在 150°E 以西为东西向，在 150°E 以东由西南-东北向转为西北-东南向，转折点在 170°W 附近，对应的天气尺度涡旋在 150°E 以东有北折和南折过程，强度在东北太平洋达到最大。偏南型风暴轴比平均型风暴轴的平均位置偏南，故称其为偏南型（图 3.3c）。偏南型风暴轴只有一个大值中心，位于 45°N、170°W 附近，其中心轴线在 155°W 以西为东西向，在 155°W 以东为西南-东北向，对应的天气尺度涡旋在国际日期变更线以东最强，且北折幅度最小（图 3.3c）。

图 3.4 给出了 1948～2010 年北太平洋冬季 189 个月的 500hPa 风暴轴分类结果，其中平均型风暴轴有 63 个，偏北型风暴轴有 54 个，偏南型风暴轴有 72 个，三类风暴轴的样本量相差不大。统计发现平均型风暴轴在 12 月、1 月和 2 月出现的频率相近，偏北型风暴轴在 12 月出现的频率较大，达到 42%，偏南型风暴轴在 2 月出现的频率较大，达到 40%，这表明后两类风暴轴对应的天气尺度涡旋有明显的月际变化。

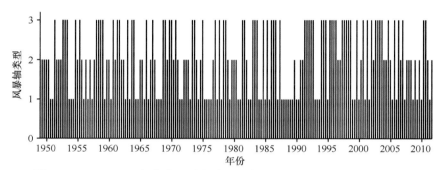

图 3.4　1948～2010 年北太平洋冬季 189 个月的 500hPa 风暴轴分类结果
1 为平均型；2 为偏北型；3 为偏南型

对 1948～2010 年北太平洋冬季 189 个月的 500hPa 天气尺度位势高度方差进行 EOF 分解，验证聚类分析结果的可靠性和合理性，图 3.5 为 EOF1 空间分布及其标准化时间系数（PC1），该模态方差贡献达到 21.2%。EOF1 的空间分布表现为风暴轴在其平均位置增强或减弱的主体一致变化型，即 EOF1 的空间型对应风暴轴强度的一致性变化，但 PC1 具有显著的年际变化。从 PC1 绝对值大于 1 的时间样本在三类风暴轴中的分布可以看出，PC1 大于 1 或者小于 –1 的月份在三类风暴轴中都有分布，并且没有哪一类具有明显优势（表 3.1），因此 EOF1 的空间型并不只对应平均型风暴轴的强度变化，其他两类风暴轴的强弱变化也属于 EOF1 的空间型。EOF1 的结果还表明，风暴轴最主要的变化是其强度的变化，而这种强度的变化对于无论哪一类风暴轴都是重要的。

a. EOF1

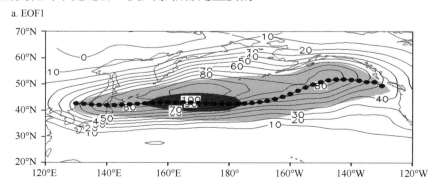

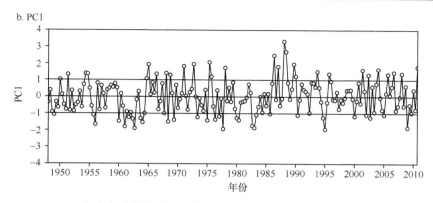

图 3.5 1948~2010 年北太平洋冬季 189 个月的 500hPa 天气尺度位势高度方差 EOF1 空间分布及其标准化时间系数

点线为平均型风暴轴中心轴线，阴影区为气候平均的风暴轴位置，浅色（深色）阴影表示风暴轴强度>18（24）dagpm²

表 3.1　EOF 前两个模态标准化时间系数绝对值大于 1 对应的三类风暴轴的月数

类型	PC1>1	PC1<−1	PC2>1	PC2<−1
平均型	6	13	0	4
偏北型	15	8	22	0
偏南型	8	10	0	18

　　EOF2 方差贡献达到 16.9%，与 EOF1 的方差贡献相差不大，因此，EOF2 也反映风暴轴的重要变化特征。EOF2 的空间分布呈现平均位置南北两侧振荡的经向异常型，异常中心呈西南-东北向分布，偏北型风暴轴和偏南型风暴轴的中心轴线分别经过正异常中心和负异常中心，这表明 EOF2 空间型对应风暴轴的北抬和南压，与朱伟军和李莹（2010）的研究结果一致。和 PC1 类似，PC2 也表现出显著的年际变化特征。表 3.1 表明，PC2>1 的月份有 22 个，且这 22 个月全部为偏北型风暴轴，而 PC2<−1 的月份也有 22 个，其中 18 个月为偏南型风暴轴，4 个月为平均型风暴轴。当 PC2 大于 1（图 3.6a）时，对应风暴轴平均位置北侧天气尺度扰动方差正异常，南侧负异常，风暴轴位置偏北，即偏北型风暴轴；反之，则风暴轴位置偏南，对应偏南型风暴轴（图 3.6b）。EOF2 的结果与偏北型风暴轴和偏南型风暴轴都有良好的对应关系，与平均型风暴轴关系不明显，这表明 EOF2 主要反映风暴轴的北抬和南压，即风暴轴南北位置的变化。

　　以前对风暴轴的分类主要是考虑风暴轴最强中心的纬向位置差异（朱伟军和李莹，2010），通过比较可以发现本研究提出的方法中风暴轴中心轴线与天气尺度涡旋移动路径有良好的对应关系，因此该分类方法给出的各类风暴轴的空间分布具有明确的天气学意义；并且该分类方法主要考虑经向上物理量最大方差值所处的位置，同时也包含风暴轴纬向差异的信息，可以反映风暴轴多中心的特点；此外，该分类方法将风暴轴东段北抬（南压）的程度具体化，使分类结果与 EOF 分解结果高度一致，反映了风暴轴空间分布的重要特征。

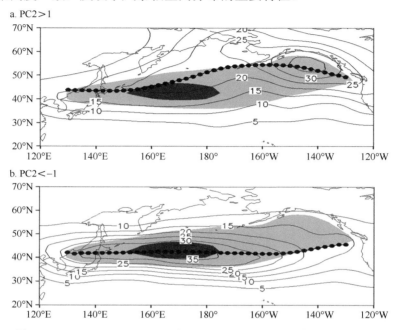

图 3.6　PC2＞1 和 PC2＜-1 对应月份的 500hPa 天气尺度扰动方差合成

点线分别对应偏北型和偏南型风暴轴中心轴线，阴影区为气候平均的风暴轴位置，浅色（深色）阴影表示风暴轴强度＞18（24）dagpm^2

3.3　各类北太平洋风暴轴的发展机制

海洋作为北半球冬季大气运动的重要热源，对北太平洋冬季风暴轴空间结构有很大影响。为了直观地表示太平洋海温对风暴轴的空间形态可能产生的影响，将 1948～2010 年太平洋冬季 189 个月的 500hPa 天气尺度位势高度方差场与同期 SST 场做奇异值分解（singular value decomposition，SVD），得到 SVD 第一模态（联合方差贡献为 61.89%），如图 3.7 所示。可以看到，位势高度方差场在北太平洋上呈南北反向的显著变化，东北太平洋上为显著负相关，而中纬度太平洋上则是显著正相关；SST 场在北太平洋中西部为显著负相关，而热带中东太平洋和北美西海岸为显著正相关，此外，南海和海洋性大陆地区也为显著正相关。由两个场的时间系数演变可见，两者相关性高达 0.60，这表明当热带中东太平洋、海洋性大陆地区以及北美西海岸海温偏高，而北太平洋中西部海温偏低时，风暴轴的变化主要表现为 50°N 以北风暴轴偏弱，50°N 以南风暴轴偏强。前文的分类结果表明，三类风暴轴的主要差别在于北太平洋东侧风暴轴中心轴线偏南或偏北，这与风暴轴 SVD 第一模态的空间分布有高度的一致性。因此，海温的异常可能是风暴轴中心轴线偏南或偏北的重要原因。

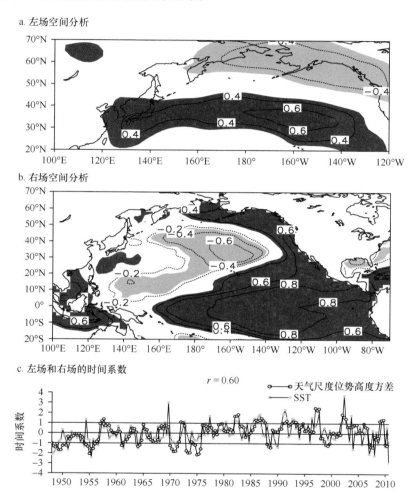

图 3.7　1948～2010 年太平洋冬季 189 个月的 500hPa 天气尺度位势高度扰动方差场与同期 SST 场的 SVD 第一模态

阴影区是达到 95% 置信度检验的区域，其中浅色和深色阴影分别表示负异常和正异常

由 SVD 结果可知，热带和中纬度北太平洋 SST 对风暴轴位置的南北移动可能有重要影响。各类风暴轴所对应的平均 SSTA 场（图 3.8）表明，三类风暴轴对应的 SSTA 场有显著差异。平均型风暴轴更接近气候态，其对应的 SSTA 场没有显著的异常，仅中纬度北太平洋中部有小范围区域呈显著正异常。偏北型风暴轴对应的 SSTA 空间分布为热带中东太平洋显著负异常、中纬度北太平洋中部显著

正异常以及北美西海岸显著负异常，中纬度北太平洋类似 PDO 负位相的空间结构（由于这里 SSTA 异常中心的位置与 PDO 异常中心的位置不完全重合，并且 PDO 在概念上同时包含空间上的海温异常和时间上的年代际变化，因此这里合成的 SSTA 分布不是 PDO 负位相的空间分布，后文称之为类 PDO 位相空间分布）。偏南型风暴轴对应的 SSTA 表现为热带中东太平洋显著正异常、中纬度北太平洋中部负异常，而北美西海岸正异常，呈类 PDO 正位相的空间分布。后两类风暴轴与中纬度北太平洋海温异常的关系，与前人的结果（朱伟军和李莹，2010）类似。因此，热带太平洋海温偏高、中纬度北太平洋呈类 PDO 正位相空间分布可能有利于风暴轴呈现偏南型的特征，反之，则有利于风暴轴呈现偏北型的特征。

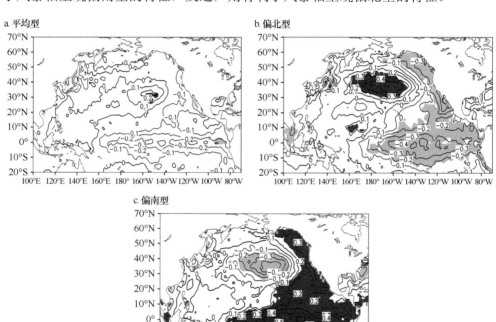

图 3.8　各类风暴轴对应的平均 SSTA 场（单位：℃）

阴影区是达到95%置信度检验的区域，其中浅色和深色阴影分别表示负异常和正异常

　　海温异常通过海气表面的热力过程影响大气的温度。分析比较三类风暴轴所对应的感热通量、潜热通量和长波辐射通量，可以发现三者对各类风暴轴所对应的高空温度作用效果一致，这里仅以长波辐射通量为例（图 3.9）进行说明。通过比较发现，在海温偏高（低）地区，通过感热和潜热的影响，其对外长波辐射为负（正）异常。但是，对应不同类型的风暴轴存在不同的海温异常分布特征，就对应有不同的加热场特征。中纬度北太平洋海温异常主要通过感热影响上空的大

气温度，进而引起位势高度的变化。此外，对应不同类型的风暴轴不仅只是在北太平洋中纬度地区对应有不同的海温异常型，还在热带太平洋地区存在不同的海温异常。热带中东太平洋的海温异常可以直接导致局地对流活动异常，上升运动的异常又会影响垂直经向环流（图 3.10），并影响高空大气 PNA 波列，进而影响北半球 500hPa 的位势高度场（夏淋淋等，2016）。

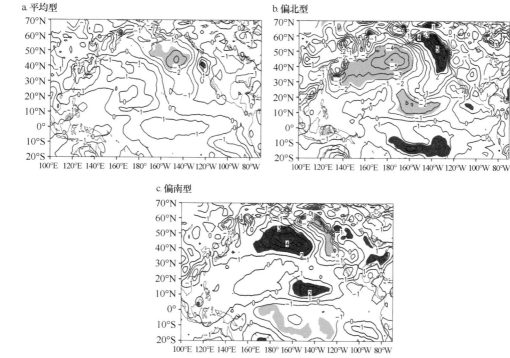

图 3.9　各类风暴轴对应的平均长波辐射通量距平场（单位：W/m²）

阴影区是达到95%置信度检验的区域，其中浅色和深色阴影分别表示负异常和正异常

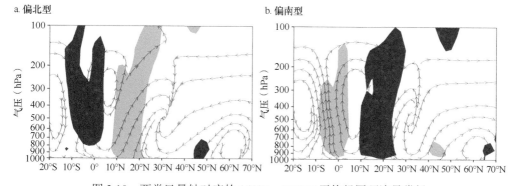

图 3.10　两类风暴轴对应的 160°E～120°W 平均经圈环流异常场

阴影区是达到95%置信度检验的区域，其中浅色和深色阴影分别表示上升运动正异常和负异常

　　各类风暴轴对应不同的海温异常型，相应地，存在不同的大气温度和位势高度的异常特征（图 3.11，图 3.12）。平均型风暴轴海温异常区主要位于中纬度太平洋中西部，该区域 SST 正异常，对应的高空温度偏高（中心略偏北），中纬度气温偏高对高压脊的抬升作用导致太平洋东北部上空位势高度偏高。偏北型风暴轴对应的海温异常区域既出现在热带太平洋，又存在于中纬度太平洋，而这两个区域海温异常的大气响应并不一样。热带中东太平洋 SST 偏低，对流活动偏弱，与之对应的 500hPa 位势高度场上的 PNA 波列为异常负位相，导致中纬度太平洋上空位势高度偏高；此外，中纬度太平洋类 PDO 负位相的 SSTA 分布通过感热使得中纬度太平洋上空温度偏高，相应地，该区域位势高度也偏高。因此，偏北型风暴轴对应的热带太平洋和中纬度太平洋 SSTA 的共同作用主要通过 PNA 遥相关异常负位相造成中纬度太平洋上空位势高度偏高。与偏北型风暴轴相比，偏南型风暴轴对应的热带太平洋和中纬度太平洋的 SSTA 分布特征明显不同，其共同作用主要通过 PNA 遥相关异常正位相造成中纬度太平洋上空位势高度偏低。

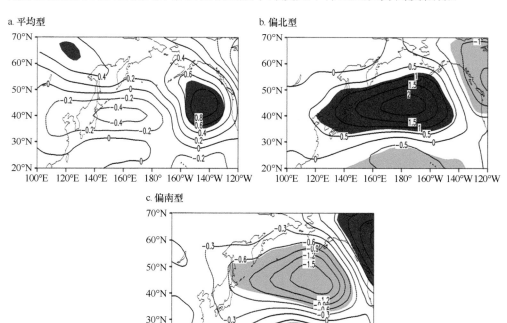

图 3.11　各类风暴轴对应的 500hPa 温度距平场（单位：℃）

阴影区是达到 95% 置信度检验的区域，其中浅色和深色阴影分别表示负异常和正异常

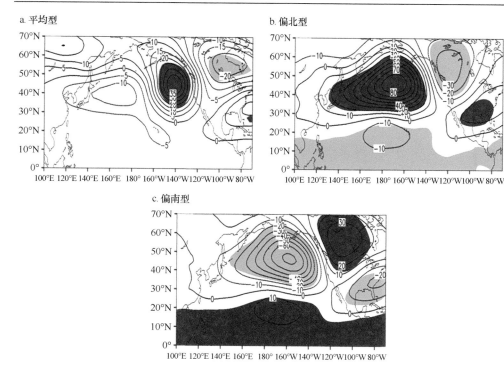

图 3.12 各类风暴轴对应的 500hPa 位势高度距平场（单位：gpm）
阴影区是达到 95%置信度检验的区域，其中浅色和深色阴影分别表示负异常和正异常

综合分析发现，海温异常的作用使得平均型风暴轴对应的 500hPa 位势高度距平场呈纬向偶极子型分布（图 3.12），160°W 西侧为弱的负异常区，160°W 以东为显著的正异常区，虽然这种异常对阿留申低压强度和位置的影响不大，但其东侧的脊在 140°W 附近得到加强，这导致该类风暴轴对应的天气尺度涡旋在 170°W 以东沿着阿留申低压东南侧的气流向东北运动，到最北端之后沿着西北气流折向东南。偏北型风暴轴对应中纬度北太平洋上空大范围的位势高度正异常，导致阿留申低压位置偏西、面积偏小、强度偏小，其东南侧的西南气流使得天气尺度涡旋在 150°E 以东北折。偏南型风暴轴对应的位势高度场异常形势与偏北型风暴轴对应的相反，阿留申低压位置偏东、面积偏大、强度偏大，其南侧的偏西气流决定了天气尺度涡旋一直东移到 155°W 才开始北折。除此之外，从各类风暴轴对应的 500hPa 位势高度距平场还可以看出，风暴轴中心轴线自西向东的走向与等压线的分布有较好的匹配性，由于天气尺度涡旋运动受基本气流制约，阿留申低压（东亚大槽）强度和位置的变化对风暴轴的空间分布有重要影响。

　　一般而言，对流层上层平均风矢量场和位势高度场能较好地满足地转关系，水平风的方向一般与等高线一致。因此，水平风矢量距平场和位势高度距平场也具有较好的对应关系（图 3.13）。此外，风暴轴中心轴线偏向纬向风的正异常区一侧。平均型风暴轴中心轴线上纬向风异常不显著，但国际日期变更线以东存在一个反气旋环流异常，其经向风异常造成该类风暴轴在 170°W 以东的北抬和南压。偏北型风暴轴中心轴线北侧对应纬向风正异常，南侧对应纬向风负异常，并且围绕风暴轴中心轴线存在一个大范围的反气旋环流异常，其经向风异常对该类风暴轴在 150°E 以东的北抬和南压有重要作用，对应的天气尺度涡旋北折偏早，使风暴轴位置偏北。偏南型风暴轴的中心轴线北侧对应纬向风负异常，南侧对应纬向风正异常，风暴轴偏南，围绕风暴轴中心轴线的气旋式环流异常导致风暴轴在 155°W 以西（东）被南压（北抬），对应天气尺度涡旋北折偏晚，使风暴轴位置偏南。此外，平均型风暴轴对应的 300hPa 西风急流基本呈平均态，偏北型风暴轴对应的 300hPa 西风急流偏弱，偏南型风暴轴对应的 300hPa 西风急流偏强。

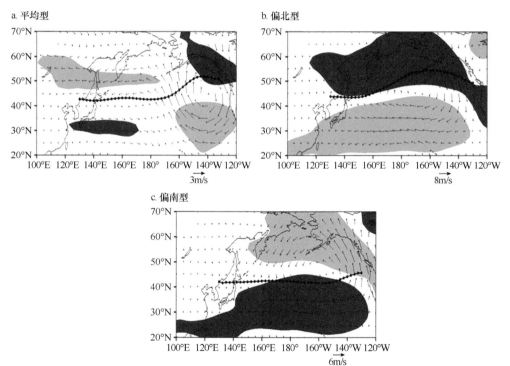

图 3.13　各类风暴轴对应的 500hPa 水平风矢量距平场（单位：m/s）
阴影区是达到 95% 置信度检验的区域，其中浅色和深色阴影分别表示负异常和正异常

以上分析表明，各类风暴轴所对应的中纬度海温异常，通过热力效应影响其上空大气的温度场和位势高度场，热带海温异常则通过 PNA 遥相关影响中纬度太平洋上空的位势高度场。对于大尺度运动，位势高度场的变化决定水平风场的变化，可以认为 SSTA 通过影响温度场、位势高度场和水平风，进而影响大气斜

压性。天气尺度涡旋的发展主要与大气斜压性有关（Hoskins and Valdes，1990），结合大气温度场、位势高度场和水平风场可以得到各类风暴轴对应的 600～500hPa 斜压性距平场（图 3.14）。可以看出，平均型风暴轴对应的斜压性分布基本和平均态一致，没有显著的正负异常区，斜压性的平均分布呈现出大洋西部斜压性较强的特点，从西向东斜压性逐渐减弱，风暴轴中心轴线自西向东位于斜压性大值区北侧。偏北型风暴轴对应的斜压性距平场基本上以平均型风暴轴中心轴线为界，北侧为正异常区，南侧为负异常区，即北侧斜压性显著偏强，而南部斜压性显著偏弱，有利于涡旋向北发展，风暴轴偏向斜压性指数正异常区，风暴轴中心轴线偏北。偏南型风暴轴对应斜压性距平"北负南正"的空间分布，基本上在平均型风暴轴中心轴线南侧斜压性显著偏强，而北侧斜压性偏弱，涡旋向北的移动受到抑制，天气尺度涡旋路径偏南，最终风暴轴中心轴线呈现偏南的特点。

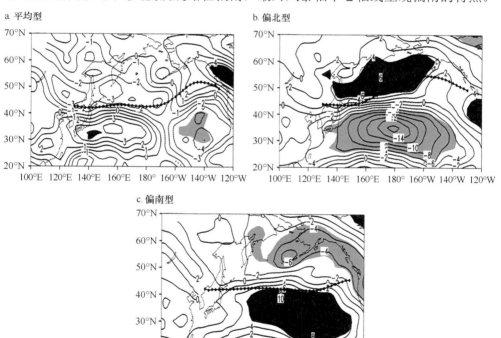

图 3.14　各类风暴轴对应的 600～500hPa 斜压性距平场（单位：10^{-2}/d）

点线对应各类风暴轴的中心轴线，阴影区是达到95%置信度检验的区域，其中浅色和深色阴影分别表示负异常和正异常

3.4　北太平洋天气尺度涡旋与风暴轴的关系

为了进一步研究两类天气尺度涡旋与风暴轴的关系，图 3.15 给出了由 850hPa

天气尺度位势高度方差 EOF 分解的 EOF1 和 EOF2、EOF3 和 EOF4 重构的风暴轴。可以看到，由 EOF1 和 EOF2 重构的风暴轴与西部型天气尺度涡旋相关，表现为西南-东北走向的带状分布，位于国际日期变更线以西的中心最大值强度达到 8dagpm^2 以上。而由 EOF3 和 EOF4 重构的风暴轴与东部型天气尺度涡旋相关，大值中心位于东北太平洋上，中心最大值强度达到 4dagpm^2 以上，比前者弱，这与 EOF3 和 EOF4 的方差贡献较小有关。同时也可以看到，两个重构的风暴轴中心与风暴轴的平均状态（图 3.1a）一致，这表明两类天气尺度涡旋与风暴轴平均态的空间分布联系紧密，且对其方差贡献最大。

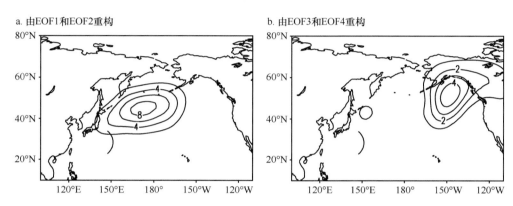

图 3.15 由 850hPa 天气尺度位势高度方差 EOF 分解的 EOF1 和 EOF2、EOF3 和 EOF4 重构得到的风暴轴（单位：dagpm^2）

根据本书 2.3 节对 PCw 和 PCe 的定义，选取月平均 PCw 大于 1 的月份为西部型强月、月平均 PCe 小于 1 的月份为东部型强月。图 3.16 为由西部型强月和东部型强月合成的 850hPa 风暴轴（天气尺度位势高度方差），可以看出，由西部型强月合成的风暴轴呈东西向的带状分布，大于 16dagpm^2 的区域自东北亚沿海到 150°W 附近，大值中心主要位于国际日期变更线以西的 45°N 附近。而由东部型强月合成的风暴轴分布不太规则，大值中心主要位于东北太平洋（52°N，150°W）附近。还可以看出，前者的风暴轴强度大于后者，并且西太平洋风暴轴的中心强度大于东北太平洋。而 850hPa 风暴轴的平均状态表现为东北太平洋和西北太平洋上两个极值点（图 3.1a），且西北太平洋上的极值点强度大于东北太平洋，合成分析结果中极值点的位置和强度与图 3.1a 中的两个极值点分别对应。这表明两类天气尺度涡旋是北太平洋两类最主要的天气尺度涡旋，这也是风暴轴平均态呈现两个极值点的重要原因。其中西部型天气尺度涡旋的强度总大于东部型天气尺度涡旋，风暴轴在西北太平洋的极值点也强于东北太平洋。对于其他月份，西部型天气尺度涡旋或者东部型天气尺度涡旋很难占主导地位，因此其对应的风暴轴的空间分布也就更加复杂。

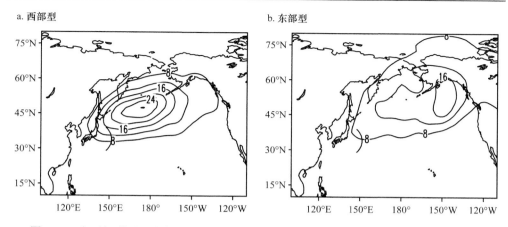

图 3.16　由西部型强月和东部型强月合成的 850hPa 风暴轴强度分布（单位：dagpm²）

　　本书 3.2 节采用模糊 C 均值聚类分析法将 500hPa 风暴轴分为三类，三类风暴轴特征显著（图 3.3）。图 3.17 给出了 850hPa 偏南型风暴轴和偏北型风暴轴的分布。可以看出，偏北型风暴轴在 850hPa 上表现为中心轴线偏北，与 500hPa 的中心轴线基本一致。偏南型风暴轴在 850hPa 上表现为中心轴线偏南，但与 500hPa 的中心轴线差异较大，前者在北太平洋西侧为西南-东北向分布东西向分布，而后者则为东西向分布，这是由 850hPa 和 500hPa 风暴轴气候态（图 2.1）的差别决定的。对比图 3.16 和图 3.17 可以发现，西部型强月风暴轴（图 3.16a）的空间分布与偏南型风暴轴（图 3.17a）非常类似，而东部型强月风暴轴（图 3.16b）的空间分布与偏北型风暴轴（图 3.17b）基本类似，其差异主要表现为后者在北太平洋西侧也有较强的信号。这是由于作为合成分析挑选出来的典型样本较少，这些典型样本东部型天气尺度涡旋较强，而西部型天气尺度涡旋较弱。由 EOF 分解的结果

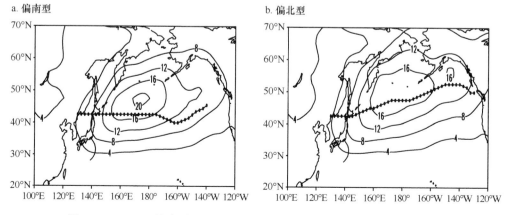

图 3.17　850hPa 偏南型风暴轴和偏北型风暴轴的分布（单位：dagpm²）
点线为风暴轴的中心轴线

可以看出，西部型天气尺度涡旋是最常见的北太平洋天气尺度涡旋表现形式，其对风暴轴的方差贡献最大。而聚类分析涉及典型样本较多，因此，聚类结果表现出北太平洋西侧风暴轴较强。

总之，西部型天气尺度涡旋较强时，风暴轴中心轴线偏南，大值中心位于国际日期变更线以西，显示偏南型风暴轴的特征；东部型天气尺度涡旋较强时，风暴轴中心轴线偏北，大值中心位于东北太平洋上，显示出偏北型风暴轴的特征。因此，平均型风暴轴常呈现出两个中心，一个位于北太平洋西侧，另一个位于东北太平洋上。由于西部型天气尺度涡旋方差贡献更大，因此北太平洋西侧的中心总强于东北太平洋上的中心。

为了进一步分析两类天气尺度涡旋与大气环流的关系，针对西部型强月和东部型强月，计算对应的 850hPa 位势高度和水平风场的异常分布，如图 3.18 所示。可见，西部型强月阿留申低压明显偏强，阿留申低压南侧呈现出明显的偏西风异常。而东部型强月对应北太平洋西侧阿留申低压明显弱于气候平均态，并且其南侧呈现明显的偏东风异常。由于行星尺度的西风急流可以有效组织天气尺度涡旋的传播（Cai and Mak，1990），因此北太平洋西侧强的纬向风有利于西部型天气尺度涡旋向下游发展；反之，北太平洋西侧弱的纬向风则不利于西部型天气尺度涡旋的传播，此时，东部型天气尺度涡旋就显得非常重要。

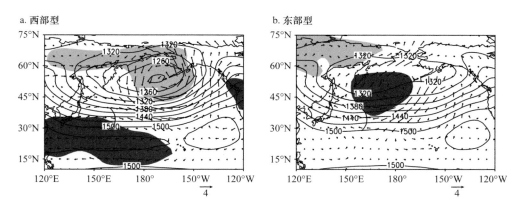

图 3.18　由西部型强月和东部型强月合成的 850hPa 位势高度（阴影，单位：gpm）和水平风场
（矢量，单位：m/s）的异常分布
阴影区为达到 95% 置信度的区域，深色为正，浅色为负

在西部型强月或东部型强月，阿留申低压及其南侧的纬向风表现出了显著的差别。为了揭示天气尺度涡旋对阿留申低压及其南侧纬向风的作用，计算了由两类天气尺度涡旋典型样本合成的涡旋动力强迫引起的位势高度倾向和 E-P 通量（Eliassen-Palm flux）的散度（$\nabla \cdot E$），如图 3.19 所示。E-P 通量表示为 $\vec{E} = \left(\overline{v'^2 - u'^2}, \right.$

$-\overline{u'v'}\Big)$，其中 u' 和 v' 分别代表纬向风速扰动和经向风速扰动。当 $\nabla\cdot\vec{E}$ 为正时，对西风有加速作用，即有利于纬向西风增强，反之 $\nabla\cdot\vec{E}$ 为负时，对西风有减速作用。可见，对于西部型天气尺度涡旋（图 3.19a）而言，沿着涡旋中心移动的路径 $\nabla\cdot E$ 为正，其南北两侧都为负，而涡旋中心北侧动力强迫引起的位势高度倾向为负，南侧则为正。这表明西部型天气尺度涡旋促使涡旋中心北（南）侧位势高度下降（上升），并且加速涡旋中心路径上的纬向风，这对应于西部型天气尺度涡旋在动力上有利于北太平洋西侧阿留申低压加强，并且有利于阿留申低压南侧纬向风加强。而东部型天气尺度涡旋也具有类似的作用（图 3.19b），其有利于东北太平洋上空涡旋中心路径北（南）侧位势高度降低（升高）以及涡旋中心路径上纬向风增强。

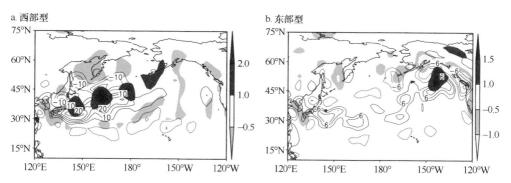

图 3.19　由西部型天气尺度涡旋（a）和东部型天气尺度涡旋（b）的典型样本合成的涡旋动力强迫引起的 850hPa 位势高度倾向（等值线，单位：gpm/d）和 $\nabla\cdot E$[阴影，单位：m/(s·d)]

　　根据 PCw 和 PCe 选取相应标准化指数大于 2 的典型样本，对西部型天气尺度涡旋和东部型天气尺度涡旋做位势高度场和水平风场连续 5d 的合成，发现西部型天气尺度涡旋和东部型天气尺度涡旋对应的纬向风呈现出显著的差异（图3.20）。西部型天气尺度涡旋较强时（图 3.20c）对应中纬度北太平洋地区纬向风显著偏强，距平正值中心位于国际日期变更线附近，阿留申低压偏强偏西，而东部型天气尺度涡旋较强时则对应东北太平洋上纬向风偏强，阿留申低压偏弱偏东。计算发现，在西部型天气尺度涡旋较强的前后 2d 都会有类似的风压场异常分布（图 3.20a，图 3.20e），只是强度和位置不同。相应地，东部型天气尺度涡旋最强的前后 2d 也有类似的特征（图 3.20b，图 3.20f）。这表明北太平洋西侧纬向风的偏强有利于西部型天气尺度涡旋涡动动能的传播发展，从而为西部型天气尺度涡旋的发展提供了有利的外部条件（尹锡帆，2015）。同理，东北太平洋上偏强的纬向风也会有利于涡动动能的传播，从而有利于东部型天气尺度涡旋的发展。

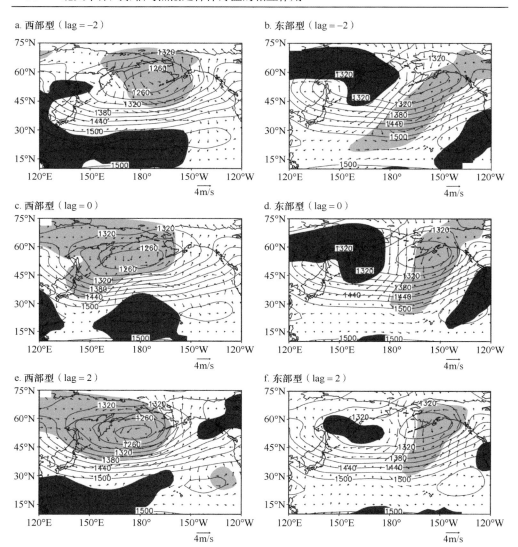

图 3.20　由西部型天气尺度涡旋（a、c、e）和东部型天气尺度涡旋（b、d、f）合成的 850hPa
位势高度场（等值线，单位：gpm）和水平风场（矢量，单位：m/s）的异常分布
阴影区表示通过 95% 置信度检验的位势高度异常，深色和浅色分别为正异常和负异常；lag 代表滞后天数，负值表示超前

综合前文的分析，两类天气尺度涡旋在不同的时间尺度上与阿留申低压和中纬度纬向风有密切的关联。对于西部型天气尺度涡旋而言，北太平洋西侧阿留申低压和纬向风偏强，有利于涡动动能在北太平洋西侧的传播，从而有利于西部型天气尺度涡旋的移动（尹锡帆，2015）；此外，西部型天气尺度涡旋强时，动力强迫作用有利于其中心移动路径上的纬向风增强，并且有利于其移动路径北侧阿留申低压加强；同理，东部型天气尺度涡旋也有类似的特征。

3.5　热带气旋活动对北太平洋风暴轴的影响

北太平洋风暴轴表现出复杂的时空变化特征（Chang，2001），尤其对年循环变化而言，可以观测到北太平洋风暴轴强度在仲冬时节出现最小值，而在秋季至初冬（10～12月）和冬季之后的春季（3月和4月）出现两个峰值现象（图3.21），冬季北太平洋风暴轴强度的"两峰一谷"特征称为"仲冬抑制"现象（Nakamura，1992）。学者们对"仲冬抑制"的原因开展了广泛的探索，来源于西伯利亚等地的上游扰动（Orlanski，2005；Penny et al.，2010）、冬季副热带高空急流的强度变化（Nakamura and Sampe，2002）以及海洋热含量及其锋区的非绝热加热（Chang and Song，2006）等都被认为是造成"仲冬抑制"的主要因素。

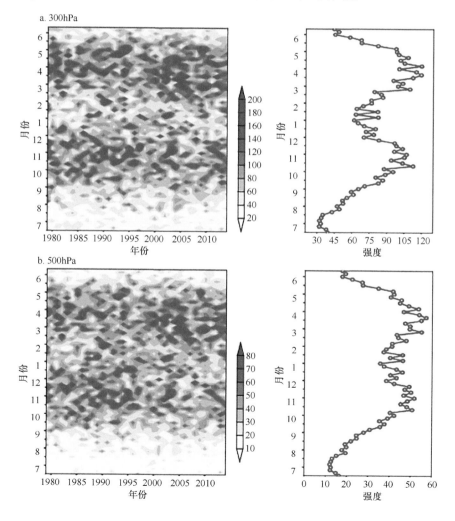

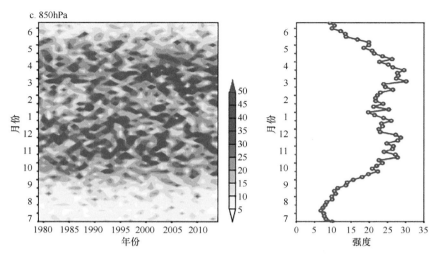

图 3.21　1979～2014 年北太平洋（30°N～60°N，130°E～160°W）候平均的风暴轴强度年际变化（左）和年循环（右）特征（单位：m²/s²）

此外，从秋季到初冬，西北太平洋生成的热带气旋（tropical cyclone，TC）仍然较为活跃（Chan，2000；Wang and Chan，2002；Ha et al.，2013）。TC 在生成后向极移动过程中将大量的动量和水汽输送到中高纬度地区（Harr and Dea，2009；Cordeira et al.，2013；Keller，2017；Keller et al.，2019），其中半数以上 TC 在大尺度气流的引导下发生转向，进入 KOE 区域并变性为具有斜压结构的温带气旋，这些源于 TC 的变性或残余的天气尺度涡旋扰动在西风急流的引导下持续向东移动，对北太平洋风暴轴强度以及天气气候造成持续性影响（Harr et al.，2000；Archambault et al.，2013；Grams and Archambault，2016；Chen et al.，2017b）。

考虑到北半球秋季至初冬（10～12 月）风暴轴和 TC 活动存在重叠活跃期，本节将从气候学角度揭示进入 KOE 区域的变性 TC 与北太平洋风暴轴的联系，并阐述西北太平洋 TC 活动对风暴轴的贡献。为了提取与天气尺度扰动有关的瞬变扰动，利用 Lanczos 滤波器提取 2～8d 周期的经向风速，使用滤波后的经向风方差（$v'v'$）的 5d 滑动平均值表征风暴轴强度。此外，为了增强结论可信度，本节还使用天气尺度位势高度方差和天气尺度涡动动能（EKE）等其他形式表征风暴轴强度，并对结论进行验证。为了研究 TC 强度对北太平洋风暴轴的可能影响，选择 1979～2014 年 10～12 月在西北太平洋生成并进入中纬度北太平洋风暴轴区域（30°N～60°N，130°E～160°W）的 TC，并且 TC 强度等级在热带风暴（最大持续风速≥17.2m/s）以上，经筛选共有 132 个 TC 满足上述条件。TC 的强度用 1000hPa 至 10hPa 垂直积分的天气尺度涡动动能（$u'^2+v'^2$）/2 表示，其中 u' 和 v' 分别是 2～8d 带通滤波的纬向风和经向风。根据最佳路径集提供的 TC 位置信息，将气旋穿越目标区域的西边界（130°E）或南边界（30°N）前一时次距其所在位置最近 4 个网格点的 EKE 平均值作为 TC 的强度，并计算自气旋进入目标区域之后北太平洋（30°N～60°N，130°E～160°W）的候平均风暴轴强度。

3.5.1　热带气旋活动对下游 Rossby 波活动的调制

TC 变性所形成的温带气旋（extratropical transition，ET）对北太平洋中纬度流场的变化具有重要影响，了解这种变化规律将有助于提高对北太平洋天气气候变率的预测水平。下面从中纬度大气动力学和波流相互作用等物理过程入手，简要阐述 ET 对下游 Rossby 波包的调制，以及 ET 对下游高影响天气发展演变的贡献。

ET 通过调制 Rossby 波包频散进而影响下游的流场和天气系统（Grams and Archambault，2016），ET 对下游 Rossby 波传播过程的影响效应常用"下游斜压发展"理论进行解释（Orlanski and Sheldon，1995）。以 2005 年第 14 号台风"彩蝶"变性后对下游影响为例，在非地转位势通量辐合及其平流的作用下，变性 TC 的涡动动能向下游槽的西侧汇聚并集中，北太平洋下游的斜压性受上游变性 TC 的影响开始迅速发展。在非地转位势通量的持续辐合与平流的作用下，槽西侧的动能达到最大值，该动能集中区在引导气流的作用下继续向下游频散发展，甚至能够将其影响扩展到北美西海岸。这一变化过程在中纬度流场形态上表现为流场经向振幅增大，与此同时，变性 TC 的残余部分、槽西侧最大动能附近的斜压结构与下游可能出现的气旋系统一起通过斜压转换过程，进一步激发并维持下游流场的斜压性，使中纬度天气尺度系统得以发展并维持。

变性 TC 与对流层高层大尺度流场的位相匹配关系是影响下游 Rossby 波包大规模发展的先决条件，两者相互作用的强度可以用对流层高层辐散出流导致的反气旋性位势涡度作为参数进行近似定量化表达。辐散出流的向极平流输送了反气旋位势涡度，从而增强了位势涡度梯度，并使急流方向发生偏转，急流出现反气旋性弯曲，这种振幅的变化随平流向下游传播，导致 Rossby 波包振幅放大。当有利于波包发展的位相关系出现时，即变性 TC 位于高空槽前、气旋高层的反气旋辐散出流与其下游的脊发生锁相时，中纬度流场与变性 TC 的相互作用加强，使下游 Rossby 波迅速发展。此外，中纬度流场与变性 TC 相互作用的强度越大，Rossby 波包的增强现象越明显。

此外，变性 TC 与中纬度气流相互作用的强度会对下游 Rossby 波包的运动产生影响。当出现强相互作用时，急流的反气旋性弯曲与下游脊迅速合并发展；而在弱相互作用时，急流强度较弱，向极的反气旋弯曲程度较小，合并加强效应大为衰减。因此，与弱相互作用相比，强相互作用会产生更明显的下游效应，Rossby 波包能够频散抵达太平洋东岸，进而影响北美大陆的天气和气候变化；而在弱相互作用下，Rossby 波在到达北美大陆之前就已完全被耗散。变性 TC 通过诱发对流层高层辐散风与反气旋涡度平流，激发出向下游传播的 Rossby 波源，而变性 TC 和大尺度气流的相互作用与位相匹配关系能够影响 Rossby 波包的增幅变化和频散距离，造成西北太平洋变性 TC 对下游大气影响程度的差异性。另外，对于下游已充分发展、振幅较大的 Rossby 波而言，变性 TC 的下游效应可能会引发 Rossby 波振幅过大或发生破碎，这类情况则不利于下游天气系统的发展。

当中纬度对流层高层急流强度偏弱、低层水汽充沛时，Rossby 波包发展增强的可能性将大为增加。变性 TC 处在上游槽前时，气旋与中纬度流场的相互作用加强，中纬度流场更易受到 Rossby 波频散的影响，并通过气旋与中纬度流场的相互作用过程调制下游流场变化，进而显著影响下游天气和气候状况。通过触发或增强中纬度 Rossby 波包，变性 TC 激发出中高纬度反气旋性阻塞高压，进而对下游地区高影响天气的发生和发展产生贡献（Harr and Archambault，2016）。以往研究大多从个例或过程入手，研究变性 TC 与 Rossby 波包的相互作用关系，并分析其调制和触发下游地区高影响天气的过程。特别是 9～10 月，西北太平洋变性 TC 的下游出现反气旋性阻塞流场的频数明显升高，北太平洋阻塞高压的出现频率达到一年中的最高水平，这正是由北半球秋季频繁的 TC 及 ET 活动造成的。

北太平洋上游变性 TC 激发的反气旋性阻塞形势场与北美大陆西部的热浪、北美中部和东部的冷空气爆发以及强降水密切相关（Grams，2011；Keller and Grams，2015；Bosart et al.，2015；Harr and Archambault，2016）。其中一个典型的个例是 2014 年第 20 号超强台风“鹦鹉”（Nuri）的温带变性与再加强，其变性期间中纬度流场的振幅不断增加，导致北美西海岸形成强大的阻高系统，在这一阻高系统的影响下，北美大陆连续出现多次强冷空气活动（Bosart et al.，2015）。另外一个例子是 2009 年第 14 号超强台风“彩云”（Choi-Wan），其变性后通过 Rossby 波频散影响下游环流，造成了北美大陆大范围的寒潮、强降水、热浪等极端天气。利用数值试验将该台风涡旋移除后，极端事件的出现范围和影响程度则大为减小（Keller and Grams，2015）。除影响北太平洋东部阻塞型反气旋环流外，变性 TC 对中太平洋的科纳低压也存在激发作用，给夏威夷群岛带来了山洪、强风和雷暴等自然灾害（Moore et al.，2008）。因此，定量化研究变性 TC 的下游效应及其对高影响天气的调制过程，对此类极端事件预报预测能力的提升十分重要。

3.5.2 热带气旋活动对风暴轴影响的空间分布

图 3.22 是 1979～2014 年 10～12 月 132 个 TC 进入北太平洋后合成的候平均风暴轴。可以看出，对流层高层的风暴轴最强，随着高度层的降低，风暴轴的强度逐渐减弱。在 300hPa 层次上，风暴轴的大值中心位于 45°N、170°W 附近，峰

值强度在 200m^2/s^2 以上（图 3.22a）。在 500hPa 层次上，风暴轴在 45°N、150°E 以东表现出明显的纬向分布（图 3.22b）。在 850hPa 层次上，风暴轴的最大强度呈现出西南-东北向的分布形态，最大值中心在 45°N、165°E 附近（图 3.22c）。值得注意的是，风暴轴在 850hPa 层次上的空间分布明显不同于 500hPa 和 300hPa，这可能是因为大多数 TC 的最大动能分布在边界层所在的对流层中低层，频繁的气旋活动在进入 KOE 区域后向东北方向移动，导致风暴轴的大值区与 TC 活动轨迹保持较高的一致性，最终呈现出西南-东北向的分布形态。在对流层中高层，与气旋相关的风暴轴强度变化受到东亚副热带高空急流的显著影响，TC 与急流的相互作用对风暴轴的强度起到重要的调制作用（Chen et al.，2017b）。另外，10～12 月风暴轴空间分布格局与图 3.25 十分相似，这表明风暴轴的强度变化受制于进入北太平洋中纬度风暴轴区域的 TC 的活跃程度。

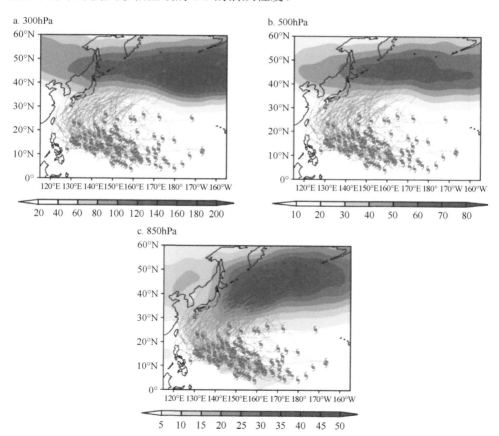

图 3.22　1979～2014 年 10～12 月 132 个 TC 进入北太平洋（30°N～60°N，130°E～160°W）后合成的候平均风暴轴（单位：m^2/s^2）

红色台风符号和灰色线分别表示 TC 生成位置和路径

为了明确风暴轴与 TC 强度间的关系，图 3.23 给出了 TC EKE 和候平均风暴轴强度关系散点图。从回归效果可以看出，TC EKE 和风暴轴强度呈现出明显的线性关系。在 300hPa、500hPa 和 850hPa 层次上，风暴轴强度与 TC EKE 呈现出显著的正相关关系，相关系数分别为 0.380、0.351 和 0.435，均超过了 95%的置信度。对流层低层风暴轴强度与 TC EKE 的相关性最高，这可能是因为 TC EKE 在对流层中低层最为集中，伴随 TC 的大量动能被直接输送到北太平洋中纬度区域，有利于该海域风暴轴的发展和增强，表现为对流层低层风暴轴强度与 TC EKE 的高相关性。另外注意到，对生成于 11 月的 TC 而言，其对应的风暴轴强度大多位于线性回归线上方，这表明 11 月与 TC 活动相关联的风暴轴要强于 10 月和 12 月，这可能部分归因于风暴轴强度在 11 月北太平洋仲冬抑制之前达到了峰值。

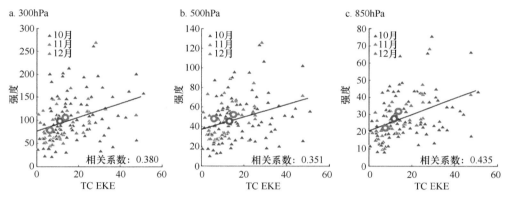

图 3.23　TC EKE 和候平均风暴轴强度散点图（单位：m²/s²）
空心圆圈表示月平均结果，黑色实线是线性回归线

为了进一步明确 TC 活动对风暴轴强度空间分布的影响，将候平均风暴轴异常场线性回归至标准化的 TC EKE 时间序列，得到回归系数分布（图 3.24）。可以看出，TC 活动对北太平洋风暴轴强度具有显著的正贡献，广泛分布的正异常较好地体现了这种正相关关系。然而，TC 活动对风暴轴影响的线性贡献在不同层次上表现出空间差异特征，与 TC 活动显著相关的风暴轴在对流层中高层呈现出纬向的三极分布，从西到东依次出现三个大值区，在 300hPa 层次上分别位于 45°N、140°E，45°N、175°E 和 45°N、170°W（图 3.24a），在 500hPa 层次上分别位于 42°N、160°E，40°N、170°E 和 40°N、170°W（图 3.24b），而在 850hPa 层次上，TC 活动和风暴轴强度的显著相关区域主要集中在 165°E 以西，主体位于日本以东，呈现出东北-西南向的格局（图 3.24c）。从以上结果可以看出，TC 活动对中高层大气的影响范围较为广阔，甚至能够向东延伸到东北太平洋以及北美大陆，而对流层低层 TC 活动对风暴轴的影响主要局限在日本以东的 KOE 区域。此外，根据回归系数的数值大小可以推断，TC 对北太平洋对流层高层风暴轴强度的正贡献明显

强于对流层中层和低层。

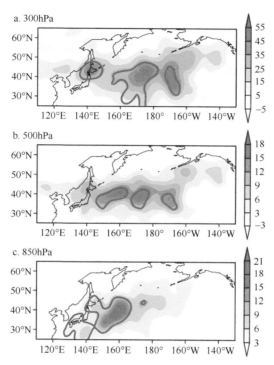

图 3.24　候平均风暴轴异常场线性回归至标准化的 TC EKE 时间序列的回归系数分布(单位：m²/s²)
灰色实线包括的区域表示回归系数达到 95%置信度

3.5.3　热带气旋活动对风暴轴影响的时间尺度

考虑到风暴轴定义中长时间尺度平均的气候学内涵，本小节还计算了 TC 对风暴轴影响的时间尺度特征。图 3.25a 给出了 TC EKE 与 n 天平均的风暴轴强度的相关系数，n=5 时的相关系数与图 3.23 中的候平均结论相对应。可以看出，在 300hPa、500hPa 和 850hPa 层次上，TC 活动能够分别与 11d、9d 和 12d 平均以内的风暴轴强度呈现显著的正相关关系，相关性能够超过 95%的置信度。也就是说，从气候学的角度来看，当 TC 进入北太平洋中纬度地区后，TC 活动对北太平洋风暴轴的显著影响最长能够持续约 2 候（10d 左右）。另外，TC 对于对流层高层和低层风暴轴强度影响的有效时间（11d 和 12d）比对流层中层的有效时间稍长（9d）。此外，通过分析天气尺度位势高度方差和天气尺度涡动动能定义的风暴轴与 TC 之间的线性关系，发现 TC 对风暴轴影响的时空分布呈现出与上述结果较高的一致性，这表明本节所揭示的北太平洋 TC 与风暴轴的关系与风暴轴的定义方式无关。

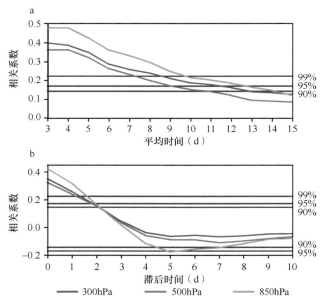

图 3.25　TC EKE 与 n 天平均的强度的相关系数（a）和 TC EKE 与滞后 n 天的候平均风暴轴强度的相关系数（b）

a 图中当 $n=5$ 时为图 3.23 候平均的结果；b 图中当 $n=0$ 时为图 3.23 候平均的结果

为了进一步明确 TC 影响风暴轴强度的时间尺度特征，图 3.25b 给出了 TC EKE 与滞后 n 天的候平均风暴轴强度的相关系数。"滞后 n 天"表示 TC 进入北太平洋 KOE 区域的 n 天之后，计算自这天开始 TC EKE 与候平均风暴轴强度的相关系数，$n=0$ 时的相关系数与图 3.23 的结果相对应。可以看出，随着滞后时间的延长，TC EKE 与风暴轴强度的正相关系数迅速衰减，滞后 2d 时两者正相关关系就会消失，滞后时间长于 3d 时甚至出现了负相关关系，滞后 5d 时 850hPa 层次上 TC EKE 与风暴轴强度呈现出显著的负相关关系。这表明在 TC 进入北太平洋 KOE 区域的 5d 之后，风暴轴的强度会有所减弱，这种 TC EKE 与风暴轴强度的时滞负相关关系可能与风暴轴区域天气尺度系统的活动和演变特征有关。

3.5.4　热带气旋与风暴轴的年际变化关系

将 TC 样本变量进行年平均，计算出 1979～2014 年 TC EKE 与候平均风暴轴强度的年际变化时间序列，进一步分析 TC EKE 和风暴轴强度的年际变化关系。图 3.26a 和图 3.26e 分别是 36 年来 TC EKE 和风暴轴强度变化的散点图和年际变化序列，在年际时间尺度上，TC EKE 与北太平洋 KOE 区域各层次的风暴轴均呈现显著的正相关关系，300hPa、500hPa 和 850hPa 的相关系数分别为 0.49、0.43 和 0.46，都超过了 95%的置信度。另外，根据图 3.26a 中线性回归线的斜率特征，当 TC 进入 KOE 区域后，对流层上层风暴轴强度与 TC EKE 表现出最显著的线性增长关系。从回归系数大小和空间分布可以看到，300hPa 上风暴轴强度的空间变率最强，与 TC 活动密切联系的极值广泛地分布在北太平洋的中部和西北部，以及 35°N～45°N、180°以西等区域（图 3.26b）；500hPa 和 850hPa 上风暴轴强度回归系数的空间分布与 300hPa 上类似，但量值偏小，这表明 TC 对北太平洋风暴轴变化的影响在年际尺度上具有对流层整层一致性特征。

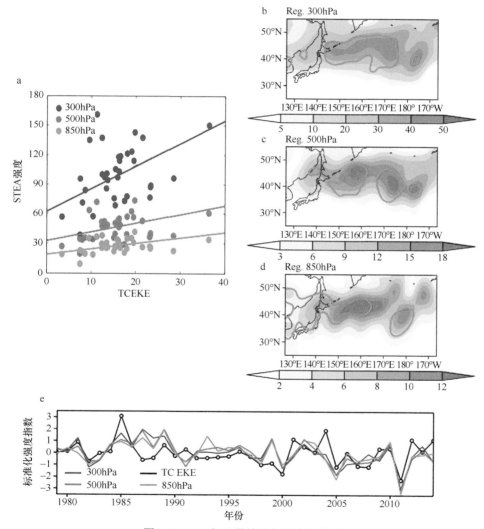

图 3.26　TC 与风暴轴的年际变化关系

a 图是 1979～2014 年平均的 TC EKE 与风暴轴强度散点图（单位：m²/s²），实线是对流层各层次线性回归线；b～d 图分别是标准化年平均 TC EKE 时间序列回归的 300hPa、500hPa、850hPa 上的风暴轴场回归系数（单位：m²/s²）的空间分布，灰色实线合围的区域表示回归系数达到 95%置信度；e 图是 1979～2014 年标准化的年平均 TC EKE 和风暴轴强度的年际变化序列已有研究表明，中纬度天气尺度涡旋在中高纬度亚欧大陆生成后，从西伯利亚东移入海，其扰动频数和强度能够调制中纬度北太平洋风暴轴的强度。另外，西北太平洋 TC 活动能够通过涡旋与背景流场的相互作用，激发 Rossby 波并向下游频散，进而调节中纬度天气尺度涡旋的强度，这种作用过程类似于大气运动遥相关传播。本节的研究成果展示出一种新的观测证据，秋季和初冬起源于热带海洋的 TC 移入北太平洋风暴轴区域，能够对风暴轴强度变化产生影响，并且这类影响在对流层不同高度呈现出差异性特征。

此外，ENSO 被认为是调节太平洋 TC 活动年际变化的重要因素之一。厄尔尼诺事件期间，大多数 TC 在西北太平洋东南海域生成，由于其在海上活动时间变长，气旋能够从温暖的洋面上获得更多能量，因此生命史更长，强度更大，当这部分 TC 在 130°E 附近转向东北移动并进入 KOE 区域时，有利于将大量动量和热量传递到中纬度地区的大气中。相比之下，拉尼娜事件期间，大多数 TC 在西北太平洋西北海域生成，受到西太平洋副热带高压引导气流的影响，大部分 TC 西行并登陆菲律宾和我国东南沿海地区，转向到中纬度地区的气旋数量大为减少。因此，厄尔尼诺事件期间，10～12 月将会出现北太平洋风暴轴强度增大现象，而拉尼娜事件期间则会出现相反的状况。

另外注意到，ENSO 事件对北太平洋风暴轴亦存在非常重要的影响。厄尔尼诺（拉尼娜）事件期间，北太平洋中纬度区域涡流热量和动量通量的年际变率显著增大，受到 ENSO 影响，风暴轴强度增加（减小），并且其影响范围向南（向北）扩展（撤回）。此外，从 10～12 月风暴轴与 Niño-3.4 年际变化时间序列的同期正相关关系也可以看出这种特征（$r=0.27$，高于 90% 的置信度）。结合 TC 对风暴轴强度的影响不难发现，ENSO 对风暴轴的直接调制与 TC 对风暴轴的影响一定程度上产生了一致性的影响，即厄尔尼诺事件能够同时增强 TC 和风暴轴的强度，而强 TC 活动又能进一步加强风暴轴。由此可见，TC 可以作为 ENSO 这类大尺度气候因子调制中纬度风暴轴变率的一种"途径"或一类"载体"，因此，TC 影响北太平洋风暴轴的过程机制仍需要进一步开展定量研究。

第4章 黑潮延伸体海温多尺度变化机制及其影响

黑潮及 KE 海区都具有流速大、海温高的特点，是中纬度海气相互作用最明显的海区。该海区海温与上空冷空气温度存在明显的温差，会释放大量的热量加热大气，是全球气候系统热量经向输送的关键海区，在气候变化中起着重要的作用（Kida et al.，2015）。KE 海区位于西北太平洋中纬度地区（32°N～38°N，140°E～165°E），其气候态的流轴在 142°E 和 150°E 处有两个显著的大弯曲。KE 纬向急流在 142°E 处分成两支，一支向北流至 40°N，而另一支（主体部分）则继续向东流。关于 KE 大弯曲形态的形成原因，有学者认为是由伊豆海脊地形扰动所产生的 Rossby 驻波所致（Mizuno and White，1983），也有学者认为是由 KE 区域涡旋扰动所形成的（Hurlburt et al.，1996）。

KE 具有不同时间尺度的周期变化。KE 的变化可能会改变海洋上层热量的收支，从而改变 SST 的分布。在年际到十年的时间尺度上，KE 区域持续的 SSTA 会影响北太平洋中纬度地区的大气环流，而变化的大气环流反过来又可以通过海平面风应力强迫而影响北太平洋的海洋环流。KE 区域的 SSTA 所引起的海气耦合对于产生太平洋年代际振荡至关重要。

4.1 黑潮延伸体海温异常

KE 的低频变化如何影响 SST 场是个很复杂的问题，因为 SST 还受到其他过程的影响，如表面热通量强迫、表面 Ekman 平流以及混合层的垂直夹卷过程。尽管异常表面热通量强迫被认为是中纬度非季节性 SSTA 的主要成因，但 Cayan（1992）、Iwasaka 和 Wallace（1995）发现，相对于北太平洋中部和东部而言，KE 区域的 SSTA 和海表热通量异常的变化并没有高度相关，这意味着区域海洋动力学在非季节性 SST 变化中起到了重要作用。

Qiu（2000）通过对上层海洋热收支进行分析发现，观测到的非季节性 SST 信号与 KE 系统的年际和年代际变化有关。在 1995 年冬季 KE 表层输运弱、纬向路径偏南，KE 区域 SST 偏低；相比之下，当 KE 区域在 1992 年和 1998 年海面高度等高线变得更加密集且路径偏北时，KE 区域的 SST 偏高。

进一步研究发现，KE 区域 SSTA 显示出清晰的年际至年代际信号，冷 SSTA 出现在 1984～1987 年和 1996～1997 年，暖 SSTA 出现在 1988～1992 年和 1998

年，年际 SSTA 的变化幅度超过 1℃。在年际时间尺度上，KE 区域冬季的暖（冷）SSTA 往往与 KE 的偏北（南）路径一致。

基于海洋混合层热收支方程，Qiu（2000）进一步诊断分析了海表面热通量强迫项、Ekman 平流项、垂直夹卷项和地转平流项对 SST 变化的影响。研究发现，非季节温度趋势项和非季节热通量强迫项之间的线性相关系数是 0.47，加上非季节性的 Ekman 平流项和垂直夹卷项的贡献，可以更好地与非季节温度趋势的时间序列相一致，当同时包含这两项时，线性相关系数增加到 0.52。进一步计算地转平流项的贡献发现，非季节性地转平流项在 1993～1995 年为负，对应 KE 强度减弱，而在 1996～1999 年转为正趋势。因此，地转平流有助于在年际尺度上促进海表热量平衡，地转平流引起的变暖效应抵消了表面热通量强迫、Ekman 平流项和垂直夹卷项综合作用所导致的"过度"冷却。将非季节性地转平流项添加到诊断的时间序列中后，线性相关系数达到 0.80。显著增加的相关性清楚地体现了海洋环流水平平流在影响 KE 非季节性冬季 SST 变化方面的重要性。值得强调的是，温度平流引起的异常很大程度上是由异常的地转流对平均温度的平流所决定的，而平均地转流对异常温度的平流对时间序列的影响很小。

4.2 黑潮延伸体区域海洋锋结构

海洋锋是两个水团汇合的交接面，此处温度或盐度的空间梯度比背景值大很多。由于海水水团的温度和盐度在空间上并不十分均匀，因此汇聚、发散、剪切和混合通常会导致在各个区域形成不同幅度的"锋"。由于黑潮延伸体是北太平洋中纬度范围内海温最高的海域，与南北两侧较低海温有明显的对比，因此在黑潮延伸体区域内存在明显的海温经向梯度大值区。特别是黑潮延伸体北侧为西边界亲潮冷流的延伸体，两种性质明显不同的水体相遇而形成了强海洋锋。黑潮延伸体具有年际和年代际变化，所以它对应的黑潮海洋锋也存在明显的年际和年代际变化。

KE 海洋锋位于 KE 流轴处，日本南部黑潮海洋锋位于日本南侧黑潮大弯曲处，中国东海黑潮海洋锋位置相对稳定。这三条海洋锋都与黑潮及其延伸体直接相关。KE 北支（Kuroshio Extension North Branch，KENB）海洋锋与 KE 下游的北侧分支有关。副极地海洋锋区（subarctic frontal zone，SAFZ）是由黑潮及其延伸体输运的暖水团和由亲潮及其延伸体输运的冷水团交汇形成，海洋锋强度最大。

海洋锋区被认为是强烈的海气相互作用区域中心，海洋向大气释放的热量在海洋锋区两侧存在显著差异，这导致海洋锋区两侧层结的差异，并造成大气边界层中湍流垂直混合的差异，进而影响风向海表面的动量下传。海洋锋通过调制垂直混合而影响表面风速（Wallace et al.，1989；Hayes et al.，1989），而这种调制与风矢量相对于海洋锋轴线的方向有关（Chelton et al.，2004）。海洋锋能够通过改变与锋轴垂直的风而产生表面风的辐合与辐散，进而改变沿着锋轴的风而产生表面风旋度。当低层热成风很强时，海洋锋对表面风的调制作用将更加复杂（Tanimoto et al.，2011）。另外，海洋锋两侧的热量释放差异还会改变大气边界层的热力条件，从而通过静力效应影响表面气压（Lindzen and Nigam，1987），在暖海温处产生表面风辐合（Tanimoto et al.，2011）。表面风辐合以及暖的西边界流增强热量和水汽输送，有利于在海洋锋上空形成对流云（Minobe et al.，2008，2010）。

由于 KE 海区海洋锋位于北太平洋中纬度地区，其与北太平洋气候系统之间必然存在着密不可分的联系，因此深入研究 KE 海区海洋锋对北太平洋的重要天气系统以及周围气候的影响具有重要的科学意义。

4.3　黑潮延伸体的多时间尺度变化特征——偶极子结构

Luo 等（2016）发现 KE 上游区域的海表高度距平存在偶极子结构，称之为KE 偶极子（Kuroshio Extension dipole，KED）模态。图 4.1a 和图 4.1b 为海表高度异常场，在 KE 上游区域（153°E 以西）北侧正距平和南侧负距平组成的结构称为负 KED 模态（图 4.1a），而北侧负距平和南侧正距平的结构称为正 KED 模态（图 4.1b）。进一步从 KE 的海表纬向流分布（图 4.1c，图 4.1d）和海表涡动动能（EKE）（图 4.1e，图 4.1f）分布可以看出，对于负 KED 模态，KE 上游流轴呈现双支结构，流速小，但涡动动能强，且位置偏上游区域；而对于正 KED 模态，KE 上游流轴呈现单支结构，流速大，涡动动能弱，且位置偏下游区域。

为了研究 KED 模态的变化，基于月尺度的海表高度异常场数据，将偶极子结构的海表高度异常在两个区域（32°N～35°N、141°E～153°E 和 35°N～38°N、141°E～153°E）平均值的差定义为 KED 指数。对 KED 指数进行功率谱分析可以发现，KED 指数有 1.5 年、2.3 年、3.8 年和 10 年左右的周期。其中 2～4 年的周期可能与 ENSO 有关，10 年左右的周期与 PDO 有关，而 1.5 年的周期则是涡流相互作用而形成的固有周期。

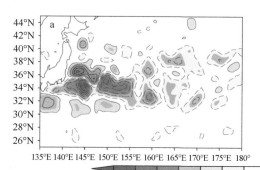
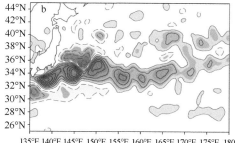

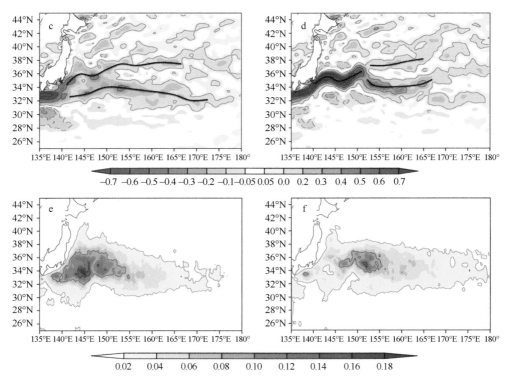

图 4.1 正 KED 模态（b、d、f）和负 KED 模态（a、c、d）KE 区域的海表高度异常场（a、b，单位：m）、海表纬向流分布（c、d，单位：m/s）和海表涡动动能（e、f，单位：m²/s²）分布

基于月尺度的 KED 指数将正 KED（KED+）和负 KED（KED−）事件定义为连续至少 8 个月且满足标准化的月 KED 指数大于（小于）0.4（−0.4）个标准差。在 1993～2010 年共挑选出 6 个 KED+ 和 4 个 KED−事件。将每个 KED 事件的峰值定义为 lag 0。

图 4.2 显示了 KED 不同模态月尺度演变的生命周期。图 4.2a 展示了 KE 上游区域北负南正的 KED+模态偶极子距平的演变过程，该模态在 lag= −6 到 lag=0 期间逐渐增长，然后从 lag=0 到 lag=4 期间逐渐衰减。对应地，从图 4.2b 则可以看到北正南负的 KED−模态偶极子距平的增长和衰减过程。为了检查 KE 急流的变化是否是 KED 模态变化的纬向地转流，图 4.3 展示了 KED 模态两个位相对应的海表面纬向流的演变图。可以看到，当 KED+模态达到峰值时，KE 纬向流具有很强的单分支流结构；但在 KED−模态达到强度最大时，KE 纬向流减弱并具有最清晰的双支急流结构。

a. KED+

b. KED−

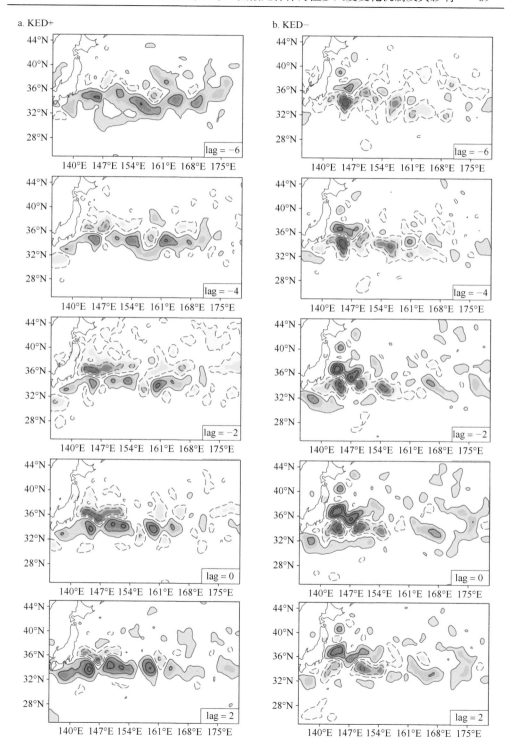

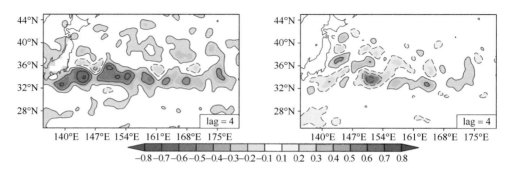

图 4.2　KED 模态的正位相和负位相对应的海表面高度异常场的演变图（单位：m）

lag=−6 表示超前 KED 事件 6 个月，lag=6 表示滞后 KED 事件 6 个月，以此类推

a. KED+

b. KED−

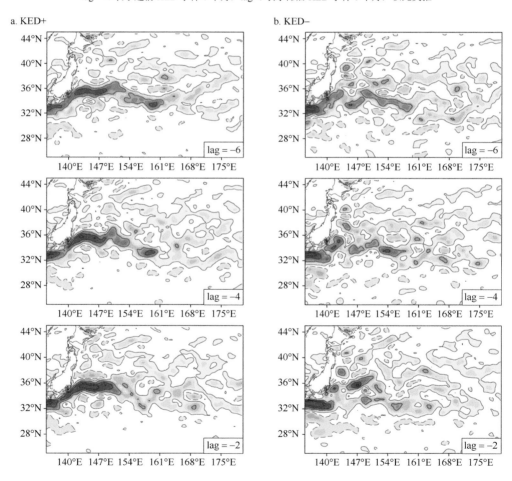

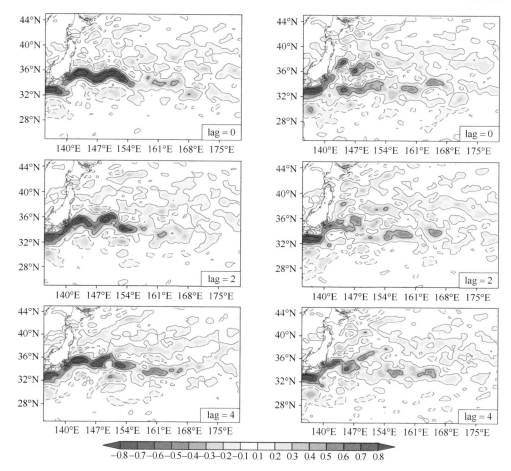

图 4.3 KED 模态的正位相和负位相对应的海表面纬向流的演变图（单位：m/s）

lag=−6 表示超前 KED 事件 6 个月，lag=6 表示滞后 KED 事件 6 个月，以此类推

为了了解涡动动能变化与 KED 模态位相之间的关系，图 4.4 给出了 KED 模态两个位相对应的海表面涡动动能的演变图。从图 4.4a 可以看出，随着 KED+ 模态的增强，KE 上游的涡动动能从 lag=−6 到 lag=0 期间逐渐减弱，且这种涡动动能的减弱在上游区域更明显，其主要原因是在 KED+ 期间向东平流的增强，导致涡动动能向 KE 区域的下游侧平流增强，有利于涡动动能减弱。从图 4.4b 则可以看到与 KED+ 模态相反的结果，即随着 KED− 模态的增强，KE 上游的涡动动能从 lag=−6 到 lag=0 期间逐渐增强。由于涡动动能的增强（减弱）伴随着 KED−（KED+）模态的增长，因此，尽管最初的涡旋可能是由平均流剪切（不稳定）和地形引发的，但 KED 模态在不同位相上的不同变形场可能会导致 KE 上游区域涡动动能产生不同变化，由此可以得到以下推断：尽管偶极子模态是由中尺度涡动所驱动的，

但 KED 模态的偶极子变形场也能改变中尺度涡动动能。

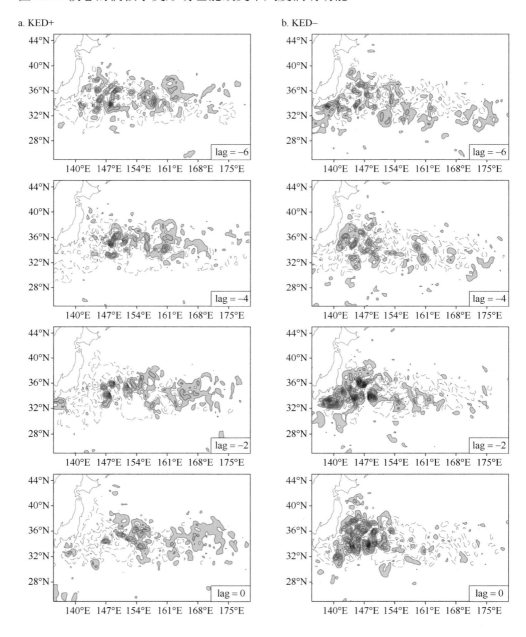

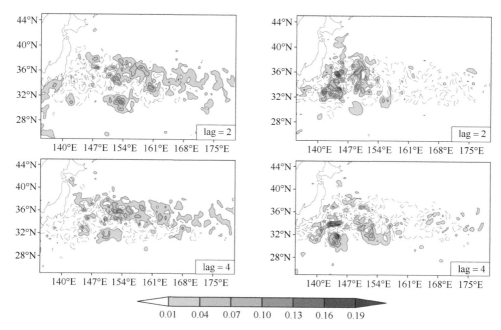

图 4.4　KED 模态的正位相和负位相对应的海表面涡动动能的演变图（单位：m²/s²）

lag= –6 表示超前 KED 事件 6 个月，lag=6 表示滞后 KED 事件 6 个月，以此类推

　　为了研究中尺度涡-偶极子相互作用在 KE 变化中的作用，基于式（4.1）的浅水波准地转方程组，运用尺度分离推导出两个诊断方程，即准地转涡度方程和涡动动能方程[式（4.2a）和式（4.2b）]（Luo et al.，2016）。

　　浅水波方程为

$$\frac{\partial u}{\partial t} + u\frac{\partial u}{\partial x} + v\frac{\partial u}{\partial y} - fv = -\frac{\partial \phi}{\partial x} \tag{4.1a}$$

$$\frac{\partial v}{\partial t} + u\frac{\partial v}{\partial x} + v\frac{\partial v}{\partial y} - fu = -\frac{\partial \phi}{\partial y} \tag{4.1b}$$

$$\frac{\partial \phi}{\partial t} + \frac{\partial(\phi u)}{\partial x} + \frac{\partial(\phi v)}{\partial y} = 0 \tag{4.1c}$$

式中，u、v 分别是纬向风速和经向风速；ϕ 是重力位势；f 是科氏参数。

　　利用尺度分离假设和准地转近似，可得

$$\frac{\partial q}{\partial t} + J(\psi, q) + \beta\frac{\partial \psi}{\partial x} + f\nabla \cdot \boldsymbol{V} = -\nabla \cdot (\boldsymbol{v}'q')_P \tag{4.2a}$$

$$\frac{\partial e}{\partial t} = -\boldsymbol{V} \cdot \nabla e + \boldsymbol{E}_m \cdot \boldsymbol{D} + \mathrm{OTH} \tag{4.2b}$$

式中，J 代表雅可比行列式；ψ 为流函数；q 为涡度，$q = \partial v/\partial x - \partial u/\partial y$；$\boldsymbol{v}=(u,v)$

是 KED 模态对应的大尺度流场；$v'=(u',v')$ 是中尺度涡所对应的水平流场；q' 为中尺度涡度，$q' = \partial v'/\partial x - \partial u'/\partial y$；$\nabla\cdot$ 代表散度；$e=(u'^2,v'^2)/2$ 是中尺度涡动动能（EKE）；$E_m=[(v'^2-u'^2)/2，-u'v']$，是中尺度涡的应力矢量；$D = \left[\dfrac{\partial u}{\partial x} - \dfrac{\partial v}{\partial y}, \dfrac{\partial v}{\partial x} + \dfrac{\partial u}{\partial y}\right]$，是 KED 模态的变形场矢量；$E_m \cdot D = E_{mx}D_x + E_{my}D_y$，$E_{mx}D_x$，$E_{mx}D_x$ 为伸缩项，$E_{my}D_x$ 为切变项；OTH 是方程余项，其影响可以忽略。显然，EKE 的大尺度平流和 KED 的变形场能改变 KE 区域中尺度涡动动能。

基于准地转涡度方程，可以诊断计算涡动强迫对于大尺度偶极子结构的强迫和维持作用。定义 KED 模态南北区域的涡动强迫之差（南减北）为涡动强迫指数，分别计算 KED 模态正负位相涡动强迫的变化，结果如图 4.5a 所示。定义 KED 模态南北区域的海表高度之差（南减北）为 KED 模态指数，该指数的变化如图 4.5b 所示。从图 4.5 可以看出，对于 KED 模态的负位相，涡动强迫指数在 lag= –9 到 lag= –1 期间为负，因此有利于 KED 模态负位相的增强；而涡动强迫指数在 lag= –1 到 lag=7 期间为正，有利于其衰减。对于 KED 模态的正位相，涡动强迫指数在 lag= –8 到 lag= –2 期间为正，而在 lag= –1 和 lag=3 期间为弱的正

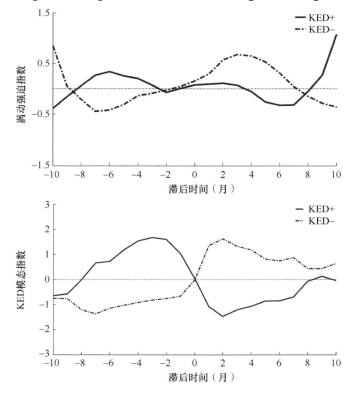

图 4.5　KED 模态的正位相和负位相下涡动强迫指数和 KED 模态指数的逐月变化

值，但在 lag=4 和 lag=8 期间变为负。因此，KED 模态的变化可以用涡动强迫指数的变化粗略地解释，KE 上游区域的中尺度涡所引起的涡旋强迫是驱动 KED 模态从生长到衰减的主要过程。

图 4.6 给出了涡动动能平流项的演变。可以看出，在 KED 模态正（负）位相的增长阶段，KE 上游区域的涡动动能平流明显减弱（增强），因此，在 KED 模态正（负）位相期间，KE 上游区域涡动动能的减小（增大）可以归因于纬向平流变化所引起的 EKE 减小（增大）。

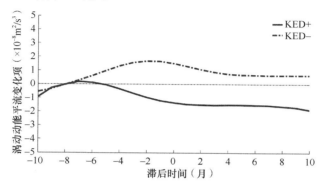

图 4.6　KED 模态的正位相和负位相下 32°N～38°N、141°E～153°E
区域平均的涡动动能平流项的演变

图 4.7 是 KED 模态的正位相和负位相变形场所引起的涡动动能的时间变化。可以进一步发现，对于 KED 正位相，变形场涡动动能从 lag= –6 到 lag=3 期间一直减小，并在 lag= –3 之后变形场引起的涡动动能的纬向和经向分量都变为负值。因此，在 KED 正位相期间，中尺度涡动动能会因为将能量传递给 KED 正位相的剪切和拉伸变形场而减弱。而对于 KED 负位相，在 lag= –4 到 lag=5 期间，变形场的切变部分比伸缩部分大，且两部分在多数情况下为正。这表明 KE 上游区域的中尺度涡动动能主要通过从 KED 负位相的剪切和拉伸变形场中吸收能量而增强。因此，KED 模态的变形场对于 KED 模态两个位相之间的 EKE 变化很重要。

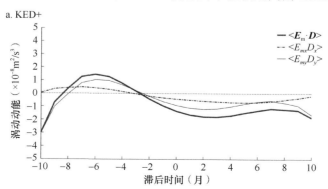

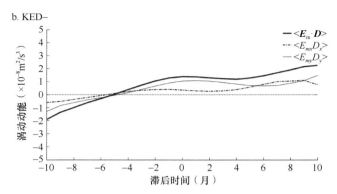

图 4.7　KED 模态的正位相和负位相下 32°N～38°N、141°E～153°E 区域平均的变形场所引起的涡动动能的演变

　　此外，在 PDO 调制下 KED 模态的位相和强度具有明显的年代际变化，由于 KED 模态的变形场具有明显的年代际变化（图 4.8a），EKE 也具有明显的年代际变化（图 4.8b）。

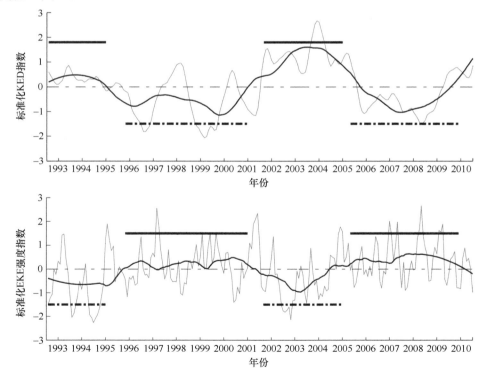

图 4.8　KE 区域（32°N～35°N，141°E～153°E）平均的标准化 KED 指数和标准化 EKE 强度指数的变化曲线

粗实线代表年代际变化正位相，粗断线代表年代际变化负位相

　　KE 的变化除了可以用上述偶极子结构来描述,还可以用流轴的纬向变化和经向变化来描述,前者代表流轴的强度和纬向伸展,后者代表流轴的经向移动。Qiu 和 Chen(2005)使用卫星高度计数据以及海表风应力驱动的一层半约化重力模型对 KE 的纬向年际和年代际变化做出了解释,结果表明,KE 区域海表高度异常均与从东部向西传播的海表高度异常有关。计算 PDO 指数与 KE 区域海表高度异常指数(流轴指数)可以发现,KE 区域的变化滞后 PDO 3~4 年。

4.4　黑潮延伸体的中尺度涡变化对风暴轴的影响

　　因为大尺度变形场的变化以及平均流对中尺度涡动动能的输运差异,中尺度涡动动能也存在着年际和年代际变化特征,而且在强度、南北向位置和东西向位置上都具有明显的年代际振荡特征,如图 4.9 所示。

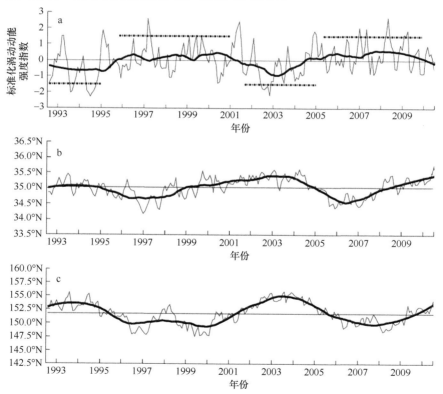

图 4.9　KE 区域的标准化涡动动能强度(a)、南北向位置(b)和东西向位置指数(c)
黑色粗线为 11 个月的滑动平均,(a)图中横断线代表涡动动能年代际变化正负位相

　　Nakamura 等(2004)的研究发现,海洋锋与中纬度西风急流以及风暴轴三者之间存在着一定的相关性,穿越海洋锋区的海洋与大气的热量交换会在大气底层

产生差异，这种差异可以维持大气的斜压性，使中纬度西风急流加强，从而有利于风暴轴的发展，并且西风急流与风暴轴之间也存在相互作用，因此，西风急流和大气斜压性在大气风暴轴变化中起重要作用。

图 4.10～图 4.12 给出了 850hPa 西风急流场、大气斜压不稳定场和风暴轴场回归到 KE 涡动动能强度及位置指数的回归场。从图 4.10 可以看出，当 KE 区域中尺度涡动动能增大时，急流表现为沿着急流轴整体增强的趋势，且急流轴的南侧增强最显著。回归的大气斜压不稳定和风暴轴也有同样的整体增强特征。可见，涡动动能强度的增大会使得西风急流和大气斜压不稳定增强，进而有利于风暴轴的发展。同样，将三者回归到 KE 南北位置的指数上也可以得到它们的回归场，如图 4.11 所示。可以明显地发现，当 KE 涡动动能偏北时，在北太平洋中纬度地区急流的回归场表现为北正南负的偶极子结构，在这种情况下，北太平洋急流会北移。大气斜压不稳定和风暴轴的回归场也有类似的特征，但风暴轴南北偶极子在急流上游表现得较为明显。这说明当 KE 偏北时，在北太平洋急流轴向北漂移的同时，大气斜压不稳定高值区也随之北移，进而导致风暴轴向北偏移。对于这种情况，北太平洋风暴轴在急流上游北移较为明显。从 KE 东西位置指数的回归场（图 4.12）来看，KE 偏东时，北太平洋急流反而西退，大气斜压不稳定的高值区除了上游靠近日本东岸附近增强，下游区域明显减弱，对应的北太平洋风暴轴呈西部增强、东部减弱的形态，而 KE 偏西时则相反。KE 偏东时，北太平洋风暴轴反而西退的主要原因可能与 KE 的强度变化有关，由于 KE 偏东时其强度较弱，而偏西时较强，因此当其偏东时会使北太平洋急流减弱并西退，斜压不稳定区域及风暴轴也随之向西偏移，而当其偏西时则相反。此外，Zhang 和 Luo（2017）发现，KED 模态能够影响 KE 海洋锋变化，进而引起风暴轴的改变，海洋锋的加强和北移会引起风暴轴的加强和北移动。

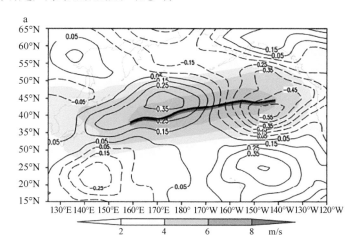

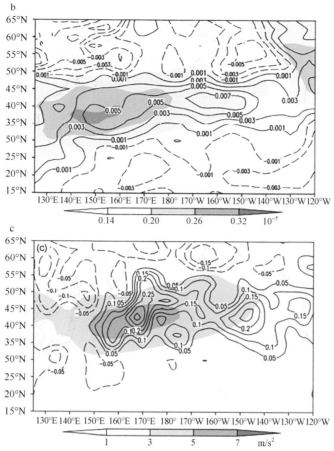

图 4.10　850hPa 西风急流场（a）、大气斜压不稳定场（b）和风暴轴场（c）回归到 KE 涡动动能强度的回归场（等值线）

阴影部分为各个变量场的气候平均态

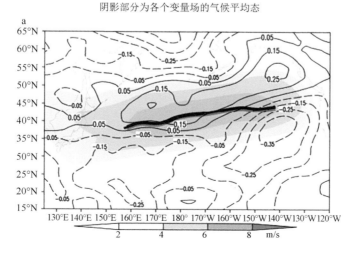

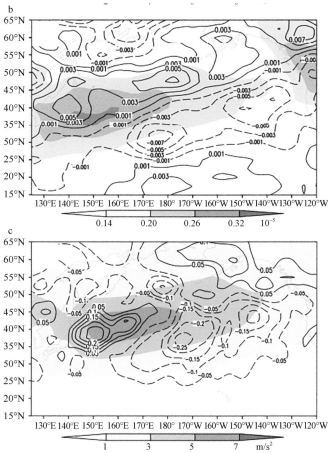

图 4.11　850hPa 西风急流场（a）、大气斜压不稳定场（b）和风暴轴场（c）回归到 KE 涡动动能南北位置指数的回归场（等值线）

阴影部分为各个变量场的气候平均态

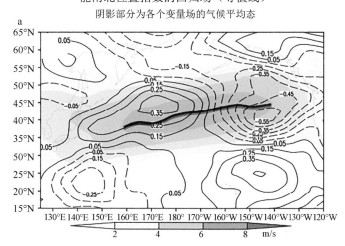

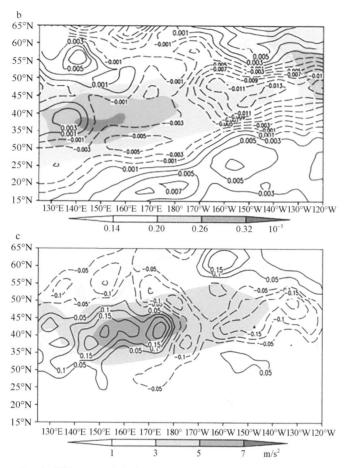

图 4.12　850hPa 西风急流场（a）、大气斜压不稳定场（b）和风暴轴场（c）回归到 KE 涡动动
能东西位置指数的回归场（等值线）

阴影部分为各个变量场的气候平均态

4.5　黑潮对 PNA 的影响及其机制

　　PNA 遥相关是北半球中纬度地区对流层中上层大气环流变化最显著的模态之一，它描述了北太平洋和北美地区大气环流的异常状态，包括四个活动中心，即在北太平洋和美国东南部同向变化的两个活动中心，以及与这两个活动中心反向变化的美国夏威夷附近和北美西海岸的两个活动中心（Horel and Wallace，1981；Wallace and Gutzler，1981）。当北太平洋和美国东南部两个活动中心为负异常中心时，美国夏威夷附近和北美西海岸的两个活动中心为正距平中心，此为 PNA 遥相关的正位相，反之为负位相。

由于 PNA 遥相关对北半球气候有重要影响，因此对 PNA 遥相关的讨论一直都是热点话题。关于 PNA 遥相关的成因理论主要有：①由热带加热导致的 Rossby 波线性频散理论（Hoskins and Karoly，1981；Simmons，1982；Branstator，1985a，1985b；Sardeshmukh and Hoskins，1988；Jin and Hoskins，1995）；②由气候流场不对称导致的正压和斜压增长理论（Simmons et al.，1983；Branstator，1990，1992；Feldstein，2002）；③天气尺度瞬变涡旋涡度通量驱动理论（Egger and Schilling，1983；Lau，1988；Dole and Black，1990；Schubert and Park，1991；Branstator，1992；Black and Dole，1993；Ting and Lau，1993；Higgins and Schubert，1994）。

利用 PNA 指数对 PNA 遥相关进行的大量研究普遍认为，PNA 遥相关具有年际和年代际尺度的变化（Wallace and Gutzler，1981；Overland et al.，1999）。Horel 和 Wallace 在 1981 年发现被赤道东太平洋海温异常驱使的大气遥相关型与 PNA 一致，认为 PNA 遥相关是大气对于 ENSO 的响应。一些数值模拟研究也发现，ENSO 外强迫能够有效地放大内部变率的环流型（Molteni et al.，1993；Lau，1997；Bladé，1999；Palmer，1999）。但有些研究发现，ENSO 并不能完全解释 PNA 遥相关的变化，太平洋海温的异常也能引起 PNA 大气环流异常。吴仁广和陈烈庭（1992）发现，赤道太平洋海温和北太平洋海温对 PNA 的影响频带不同，PNA 遥相关的 3～5 年振荡周期与 ENSO 的振荡周期同位相，但 10 年左右的振荡周期则与北太平洋海温的主要振荡周期反位相；Pitcher 等（1988）的数值模拟研究发现，当同时考虑北太平洋地区和热带太平洋地区的海温异常时，模拟得到的 PNA 更接近观测。因此，黑潮作为北太平洋的重要海洋信号，必然会影响与 PNA 遥相关对应的大气环流的变化。

KE 是伴随有大振幅弯曲的纬向型海洋急流，高温高盐的特征使其与南北两侧的海水有明显的水平梯度，所以在 KE 区域及其周围存在明显的海洋温度锋区。观测表明，冬季 SST 的水平梯度可达 4℃/100km，在海洋锋附近海气之间动量、热量及水汽等交换活跃。过去的研究认为，在北太平洋中高纬度地区主要是大气影响海洋，但后来的研究发现在黑潮等西边界流区域 SST 与表面风速呈正相关关系，这反映了海洋对大气的强迫作用（Nonaka and Xie，2003；Xie，2004）。目前认为海洋对大气的强迫作用主要存在两种机制：Lindzen 和 Nigam（1987）提出了气压调整机制，海洋锋一侧的暖海温加热大气，气压降低，同时冷海温一侧冷却大气使气压升高，这样就产生了一个跨越海洋锋的气压梯度，可以驱动大气从冷水区向暖水区加速；另一种机制是 Wallace 等（1989）和 Hayes 等（1989）提出的垂直混合机制，他们认为暖海温一侧的大气不稳定，垂直混合作用强，这样会使得高层动量下传，从而导致表面风速增加，而冷海温一侧则会使海表风速减小。同时，近年来随着观测技术的改进，人们发现海洋锋对大气的影响可延伸到对流层上层。

Wai 和 Stage（1989）首先指出，海洋锋附近存在一支与海洋锋宽度相当的次级环流，Minobe 等（2010）进一步发现夏季海洋锋上空的深对流可达 200hPa 左右。观测资料发现，KE 海洋锋经历了年代际变化，在 20 世纪 80 年代中期位置偏南，到了 90 年代初期位置偏北、强度增大，90 年代中期又向南移，90 年代后期到 21 世纪初则又转为偏北，之后，海洋锋位置再次转为偏南（Nakamura and Kazmin，2003；马静和徐海明，2012）。海洋锋的经向移动会引起类似 PNA 和西太平洋（western Pacific，WP）型遥相关的异常信号（Frankignoul et al.，2011；Taguchi et al.，2012）。通过潜热释放和表层感热通量，表面海洋锋可决定大气急流的分布和强度（Deremble et al.，2012），Nakamura 和 Kazmin（2003）提出了"海洋斜压调整"机制，即海洋锋区两侧海气热量交换的差异能够维持大气的斜压性，这对急流和风暴轴的发展非常重要（Sampe et al.，2010）。

Wang 等（2017）指出，副热带海洋锋区（subtropical frontal zone，STFZ）和 SAFZ 的变化并不独立，当 SAFZ 向南移动时，STFZ 会变得更强，且 SAFZ 的增强伴随着 STFZ 的北移，反之亦然。这种交叉型的变化分别与北太平洋两种大尺度 SST 模态 PDO 和北太平洋涡旋振荡（North Pacific Gyre Oscillation，NPGO）密切相关，它们的变化可引起西风急流的变化：当 STFZ 增强（此时 SAFZ 南移）时，受海洋加热影响，30°N～40°N 的大气温度梯度增大，斜压性增强，急流中心水平风速加大，西风急流增强；当 SAFZ 增强时，300hPa 以下大气温度梯度增大，斜压性增强（40°N～50°N），20°N～30°N 的大气温度梯度减小，斜压性减弱，这种异常结构会导致斜压区向北偏移，瞬时涡度动量在 40°N～50°N 加强，引起西风急流向北移动。从这些研究可以看到，KE 海洋锋可通过改变大气斜压性影响太平洋中纬度西风急流。

Luo 等（2020）进一步探讨了 PNA 正（PNA+）事件、PNA 负（PNA–）事件的动力机制。从 PNA+事件和 PNA–事件的 500hPa 位势高度场（geopotential height at 500hPa，Z500）逐日变化场（图 4.13）可以看到，PNA–事件从生长到衰退的生命周期约为 20d，其演变过程类似太平洋阻塞的形成，Z500 场上呈现弯曲的形状，类似于急流弯曲，而急流弯曲主要是由几个小尺度的反气旋和气旋组成，还可以看到 PNA–事件与气旋波破碎联系在一起，可能与天气尺度涡旋强迫有关（图 4.13a）；与 PNA–事件相比，PNA+事件在初始阶段有一些小尺度的槽和脊，但随着 PNA+的增强，这些小尺度的槽和脊被平均风场吸收，与此同时，北太平洋大尺度的气旋（反气旋）距平加强，同时 PNA+事件也具有西退的特征，时间尺度约为 14d（图 4.13b）。这说明 PNA 事件具有 10～20d 的时间尺度。

a. PNA−事件的Z500逐日变化场

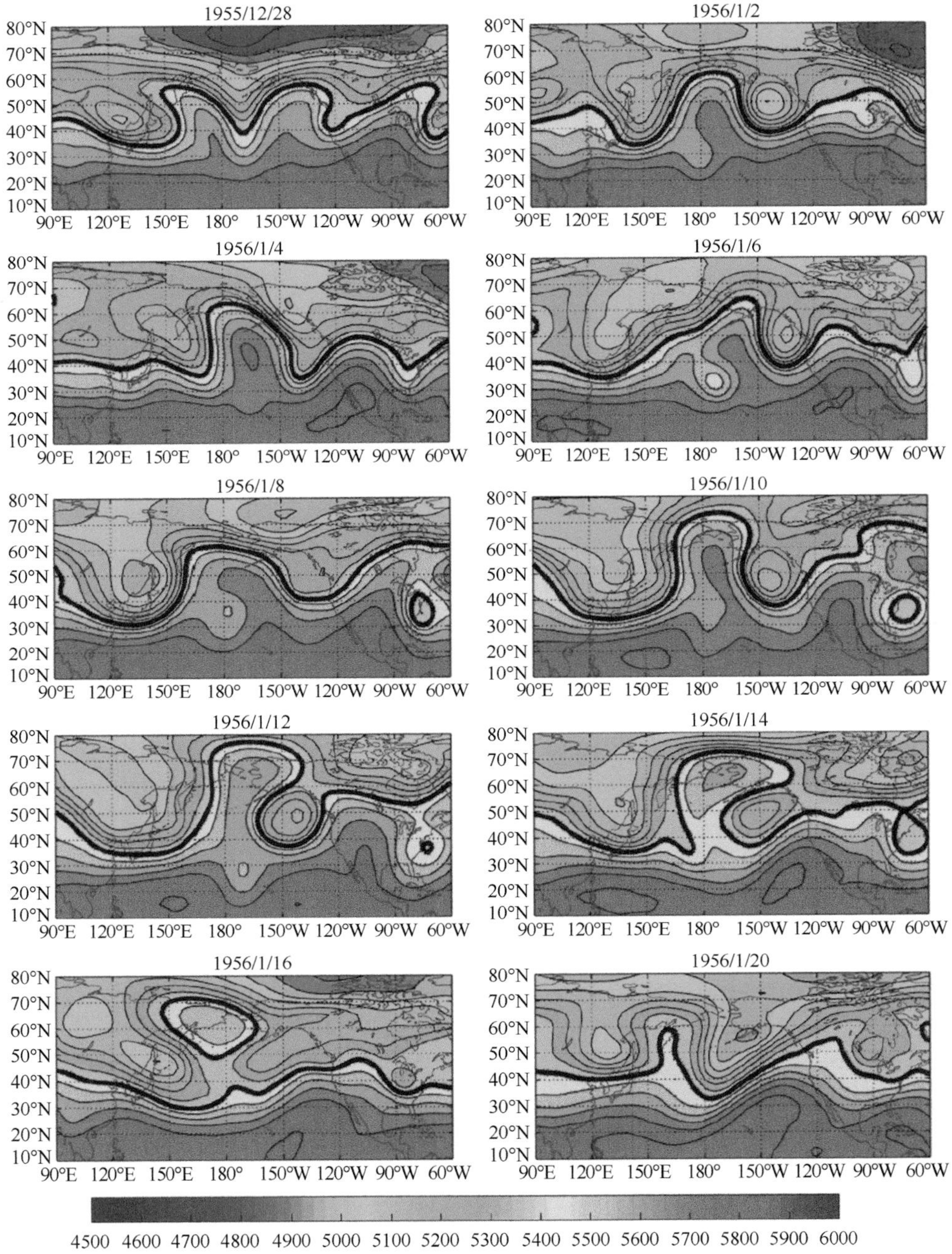

1955/12/28

1956/1/2

1956/1/4

1956/1/6

1956/1/8

1956/1/10

1956/1/12

1956/1/14

1956/1/16

1956/1/20

b. PNA+事件的Z500逐日变化场

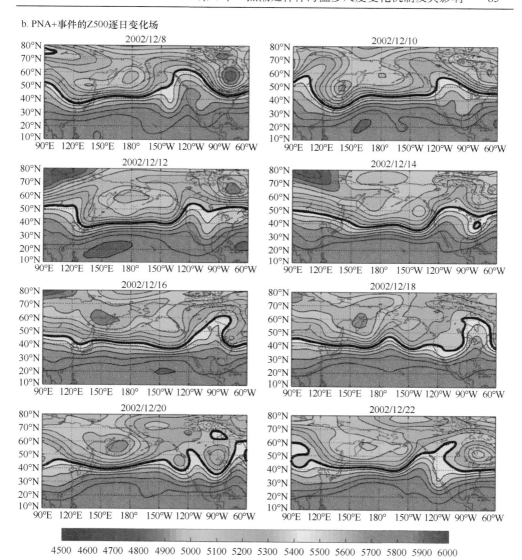

图 4.13 PNA–事件（1955.12.28～1956.1.20）和 PNA+事件（2002.12.8～2002.12.22）的 Z500
逐日变化场（单位：gpm）

粗实线为 5440gpm 等值线

Luo 等（2020）进一步对合成场进行了分析，发现 PNA 位相有很大的差异性
（图 4.14），PNA+事件和 PNA–事件有不同的生命周期，PNA+事件和 PNA–事件
的 e 折减时间分别为 10d 和 12d 左右（图 4.14a），即 PNA–事件的生命周期更长。
此外，PNA–事件比 PNA+事件有更大的振幅，从 Z500 异常平均场上来看，PNA–
事件在北太平洋的正 Z500 异常比 PNA+事件的负 Z500 异常强。在移动特征上，

PNA+事件和 PNA-事件的高度异常场都向西移动（图 4.14d，图 4.14e），但与 PNA+事件的-1.5m/s 相比，PNA-事件的西移速度更快，达到-2.9m/s。

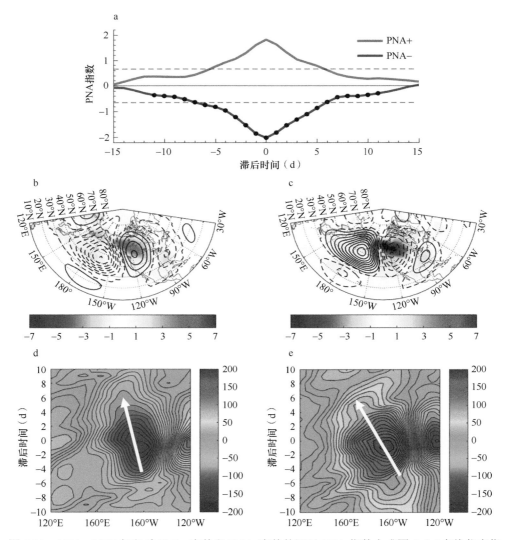

图 4.14　1950～2017 年冬季 PNA+事件和 PNA-事件的逐日 PNA 指数合成图（a）（虚线代表指数的 e 折减线，圆点代表通过 95%的置信度检验）；　PNA+事件（b）和 PNA-事件（c）在 lag=-5 到 lag=5 时间平均的 Z500（等值线，单位：gpm）和地表气温（填色，单位：K）异常合成场（实线代表正值，虚线代表负值）；PNA+事件（d）和 PNA-事件（e）的 Z500 在 35°N～55°N 经向平均的时间-经度演变图（单位：gpm）

为了定量描述 PNA 事件的能量频散，Luo 等（2020）定义逐日能量频散指数

为 $D_{\mathrm{I}}=\dfrac{\left(H_{\mathrm{P}}-H_{\mathrm{A}}\right)}{H_{\mathrm{P}}}$，其中 H_{P} 为 Z500 异常在北太平洋上空 PNA−事件（PNA+事件）

的反气旋中心（气旋中心）附近 5°×5°区域平均的绝对值，H_{A} 为 Z500 异常在北美地区上空 PNA−事件（PNA+事件）的气旋中心（反气旋中心）附近 5°×5°区域平均的绝对值，这个指数描述了 Z500 异常振幅在上游和下游的差异，D_{I} 越小代表能量频散越强。从 PNA+事件和 PNA−事件的逐日能量频散指数（图 4.15）可以看到，在 PNA 事件的早期、发展、成熟和衰退等整个生命周期过程中，PNA+事件的 D_{I} 总是小于 PNA−事件，即 PNA+事件具有比 PNA−事件更强的能量频散。关于 PNA 事件能量频散的解释，Luo 等（2020）认为其经向位势涡度梯度（meridional potential vorticity gradient，PV_y）的大小有关。

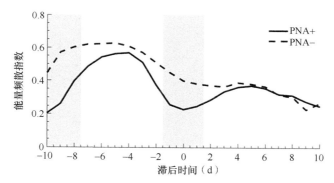

图 4.15　PNA+事件和 PNA−事件的逐日能量频散指数
阴影部分代表位相差异通过 95%的置信度检验

Luo 等（2020）基于准地转位涡方程提出，PNA 的振幅可以由非线性薛定谔（Schrödinger）方程来描述，PNA 系统的频散性和非线性与背景场的经向位势涡度梯度（PV_y）有关，系统的线性频散与 PV_y 成正比，非线性强度与 PV_y 成反比，这表示 PV_y 越大，PNA 系统的能量越容易频散，而非线性越弱。KE 的变化可以通过改变急流影响 PV_y 的大小。图 4.16 给出了 PNA+（PNA−）事件发生前期（lag=−20 到 lag=−10）的 500hPa 风场（U500）和 PV_y 场，可以看到 PNA 的正负位相 U500 和 PV_y 存在很大差异，在 20°N～45°N 区域，北太平洋 PNA+事件的 U500 和 PV_y 比 PNA−事件的更大。由于 PV_y 较大，所以 PNA+事件具有更强的能量频散和更短的周期。

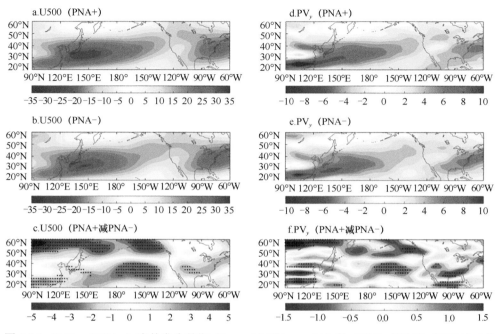

图 4.16　PNA+（PNA−）事件发生前期（lag=−20 到 lag=−10）的 500hPa 纬向风（U500）（单位：m/s）和位涡梯度（PV$_y$）合成场
打点区域代表通过 95% 的置信度检验

　　为了验证观测结果的正确性，借助 Luo 等（2020）提出的统一的非线性多尺度相互作用（unified nonlinear multiscale interaction，UNMI）模型，进一步研究低频行星波与瞬变天气波的相互作用是否会激发 PNA 环流。在模型中设置了与观测中 PNA 前期背景场类似的 U500 和 PV$_y$ 经向分布，模型很好地模拟出了 PNA 正、负位相的演变（图 4.17）。在弱西风和小 PV$_y$ 背景下，PNA−事件的流函数场表现出一个大弯曲的特征（图 4.17a），而在强西风和大 PV$_y$ 背景下，PNA+事件的流函数场表现出平直的结构（图 4.17b），这与再分析资料中得到的结果（图 4.13）高度相似，说明 UNMI 模型对于 PNA 的刻画是可行的。此外，由模型得到的 PNA 生命周期为两周左右，这也与观测得到的结果一致，在移动和能量频散方面，模型结果也表明 PNA−事件向西移动速度比 PNA+事件快，并且 PNA−事件的持续时间较长，强度较大，这些特征均与再分析资料中得到的结论高度一致。能量频散指数 D_1（图 4.18）也显示 PNA+事件的频散性比 PNA−事件强，这表明 PNA+事件比 PNA−事件具有更强的频散性，这与观测资料得到的结果也是一致的。

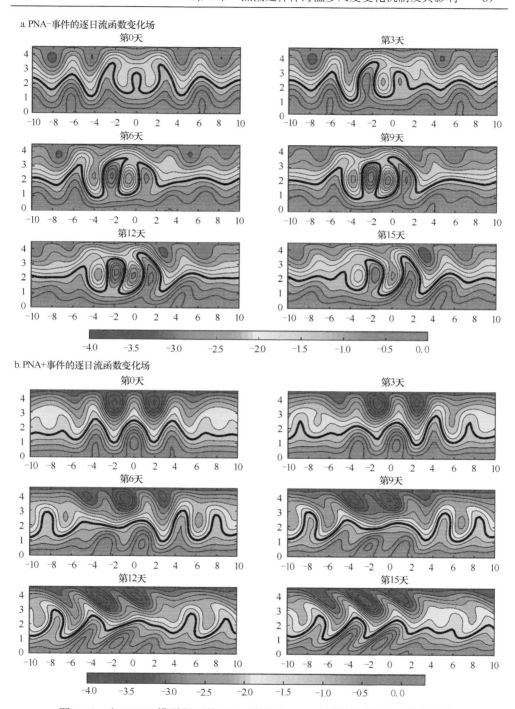

图 4.17　由 UNMI 模型得到的 PNA−事件和 PNA+事件的逐日流函数变化场

图中粗实线代表−1.2，等值线间隔为 0.3

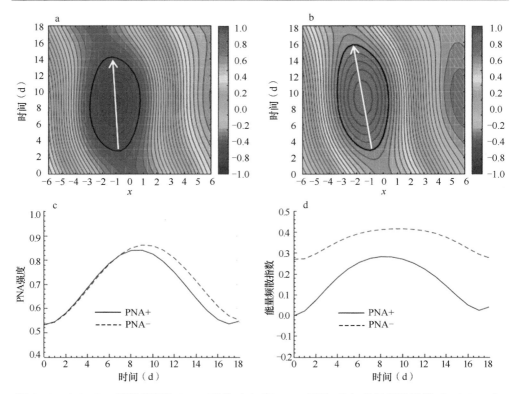

图 4.18　由 UNMI 模型得到的 PNA+事件（a）和 PNA−事件（b）的流函数异常（$y=0.75Ly$）的演变、PNA 强度的时间变化（c）及 PNA 事件的能量频散指数（d）

Ly 表示无量纲 β 平面通道宽度

　　以上研究表明，背景风场 PV_y 的差异对 PNA 正、负位相的结构和特征有重要影响，而 KE 海洋锋的变化可以改变太平洋中纬度西风急流，进而改变 PV_y 的大小，从而对 PNA 正、负位相的频散性和结构产生影响。

第 5 章　北太平洋风暴轴与中纬度海洋锋的关系

在北太平洋，携带大量暖水的黑潮及其延伸体与携带大量冷水的亲潮及其延伸体在 40°N 附近相遇，形成了具有强烈 SST 经向梯度的纬向带状区域，即北太平洋中纬度海洋锋区（Nakamura and Kazmin，2003），受海洋环流变化的影响，海洋锋的强度和经向位置存在季节、年际和年代际变化，但北太平洋风暴轴活动最为强烈的区域经常位于海洋锋区上空，这说明两者之间存在紧密关系（Nakamura et al.，2004；Hotta and Nakamura，2011）。由于北太平洋风暴轴和中纬度海洋锋在冬半年较强，因此以往的研究主要关注冬季（Taguchi et al.，2009；Kwon and Joyce，2013；Yao et al.，2018b），本章重点分析两者的关系在不同季节的差异，并揭示造成季节差异的原因。

5.1　北太平洋风暴轴与中纬度海洋锋的气候态分布特征

5.1.1　北太平洋中纬度海洋锋的分布特征

图 5.1 是 1982～2011 年各季节平均 SST 及其经向梯度分布，可见在北太平洋中纬度存在两支东北-西南向的海洋锋，较强的一支在 145°E～157°E，位于 KE 西北侧；而较弱的一支在 155°E～170°E，位于 KE 东北侧。图 5.2a 是 145°E～170°E SST 经向梯度最大值的季节平均值，可见海洋锋的强度存在显著的季节变化，冬季最强，春季和秋季次之，夏季最弱；西北侧的海洋锋冬季比夏季强 1.8℃/100km 左右，东北侧的海洋锋冬季比夏季强 1.4℃/100km 左右。图 5.2b 是 145°E～170°E SST 经向梯度最大值的季节标准差，可见冬季海洋锋强度的标准差最大，超过 1.3℃/100km，夏季海洋锋的标准差最小，约为 0.4℃/100km；西北侧海洋锋强度的标准差大于东北侧。

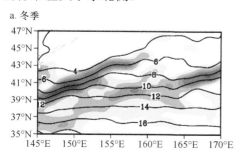

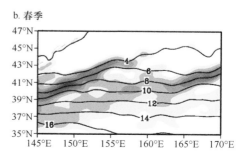

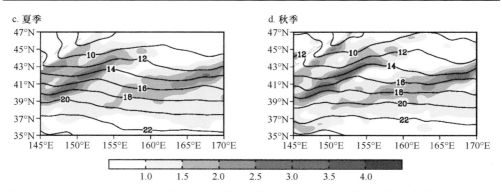

图 5.1 1982～2011 年各季节平均 SST（等值线，单位：℃）及其经向梯度（填色，单位：℃/100km）分布

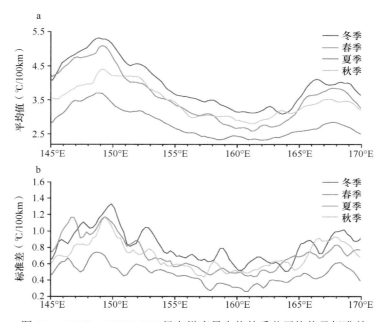

图 5.2 145°E～170°E SST 经向梯度最大值的季节平均值及标准差

图 5.3 是 145°E～170°E SST 经向梯度最大值所在纬度的季节平均值及标准差。可见，西北侧海洋锋经向位置的季节变化显著，冬季位置最靠南，春季和秋季次之，夏季位置最靠北，冬季比夏季偏南约 1.5°；而东北侧海洋锋位置相对稳定，季节变化较小（图 5.3a）。另外，在 153°E～163°E 海洋锋南北位置变化最大，大约为 2°（图 5.3b），这主要与该区域北支锋和南支锋最大强度交替变化有关。以上分析表明，海洋锋在冬季最强且位置最靠南，而在夏季最弱且位置最靠北。

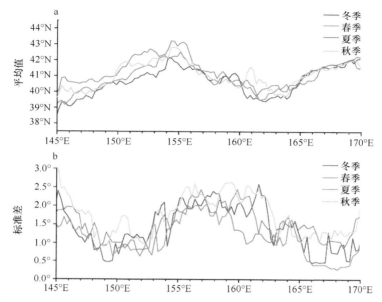

图 5.3　145°E～170°E SST 经向梯度最大值所在纬度的季节平均值及标准差

5.1.2　北太平洋风暴轴的分布特征

图 5.4 是表征风暴轴活动的 850hPa 天气尺度经向热通量的季节平均场。可见，北太平洋风暴轴位于中纬度海洋锋上空，呈纬向带状分布，且存在显著的季节变化，冬季最强且位置偏南，夏季最弱且位置偏北，春季和秋季的强度及位置则介于冬季和夏季之间。风暴轴强度和位置的季节变化特点与海洋锋的季节变化特点一致，这说明风暴轴与海洋锋之间可能存在密切的联系。另外，采用 500hPa 天气尺度位势高度方差和 300hPa 天气尺度经向风方差表征风暴轴活动也得到了类似结果（图 5.5，图 5.6）。

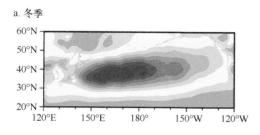

a. 冬季

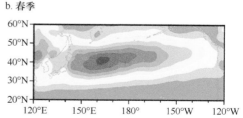

b. 春季

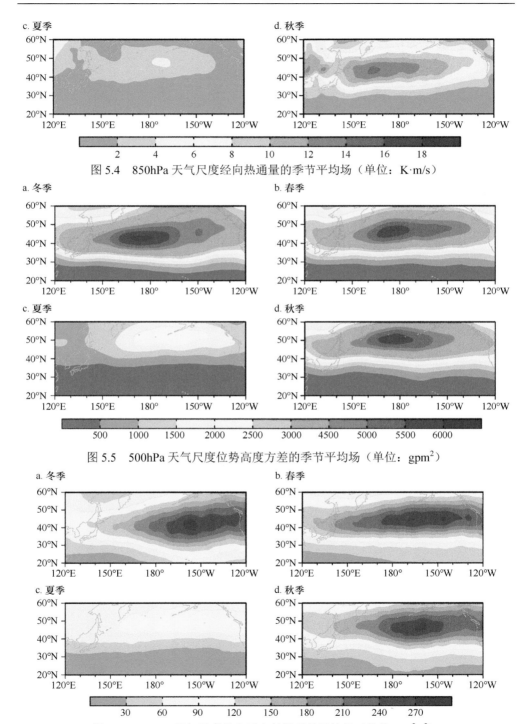

图 5.4　850hPa 天气尺度经向热通量的季节平均场（单位：K·m/s）

图 5.5　500hPa 天气尺度位势高度方差的季节平均场（单位：gpm^2）

图 5.6　300hPa 天气尺度经向风方差的季节平均场（单位：m^2/s^2）

5.2　北太平洋风暴轴与中纬度海洋锋强度
变化的关系及其原因

5.2.1　北太平洋中纬度海洋锋强度指数的定义

为了表征中纬度海洋锋的强度变化，定义一个海洋锋强度指数（intensity index，I_{int}）。首先利用 OISST 资料计算出 1982～2011 年（35°N～47°N，145°E～170°E）区域平均的 SST 经向梯度时间序列，然后对该时间序列去除年循环和长期线性倾向，再去除赤道低频变率的影响（Qiu et al.，2007b），最后进行标准化得到 I_{int}。图 5.7 是季节平均的中纬度海洋锋强度指数（I_{int}）的逐年演变，正强度指数代表海洋锋强度异常偏强，负强度指数代表海洋锋强度异常偏弱。

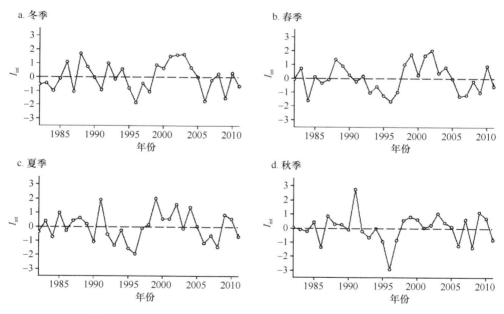

图 5.7　季节平均的中纬度海洋锋强度指数（I_{int}）的逐年演变

5.2.2　北太平洋风暴轴与中纬度海洋锋强度变化的关系

为了研究北太平洋风暴轴与中纬度海洋锋强度变化之间的关系，将 850hPa 天气尺度经向热通量异常回归至 I_{int}，得到图 5.8。可见，当海洋锋加强时，冬季风暴轴在其气候态大值中心和下游也显著加强，而在 50°N 以北和 30°N 以南则有所减弱（图 5.8a）；春季风暴轴在其气候态大值中心的北部和上游呈现显著的正异常，在气候态南部出现负异常，这说明春季风暴轴北移加强（图 5.8b）；类似地，夏季风暴轴在其气候态大值中心和上游呈现正异常，但是相比于其他季节正异常幅度最小，这说明风暴轴与海洋锋强度的关系在夏季最弱（图 5.8c）；秋季风暴轴在气候态大值中心和下游区域也呈现正异常，但是正异常的范围明显小于冬季和春季（图 5.8d）。

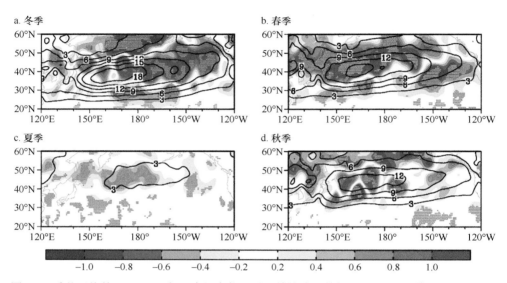

图 5.8　季节平均的 850hPa 天气尺度经向热通量（等值线，单位：K·m/s）及其异常回归至 I_{int}
的回归系数分布（填色，单位：K·m/s）
灰色打点区域代表显著性通过 90% 的 t 检验

因此，北太平洋风暴轴与中纬度海洋锋强度之间关系紧密，风暴轴随海洋锋的加强（减弱）而增强（削弱），且呈现出显著的季节变化。具体而言，随着海洋锋加强，冬季风暴轴在其气候态大值中心和下游显著增强，春季风暴轴主体显著增强并略微向西北移动，而秋季风暴轴的增强程度明显弱于冬季和春季，夏季最弱。另外，采用 500hPa 天气尺度位势高度方差和 300hPa 天气尺度经向风方差表征风暴轴活动也得到了类似结果（图 5.9，图 5.10）。

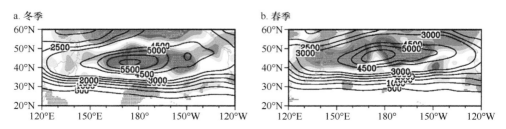

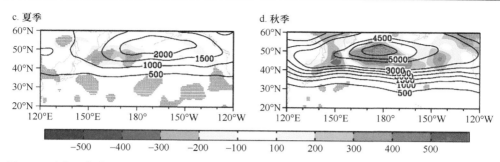

图 5.9　季节平均的 500hPa 天气尺度位势高度方差（等值线，单位：gpm^2）及其异常回归至 I_{int}
的回归系数分布（填色，单位：gpm^2）

灰色打点区域代表显著性通过 90% 的 t 检验

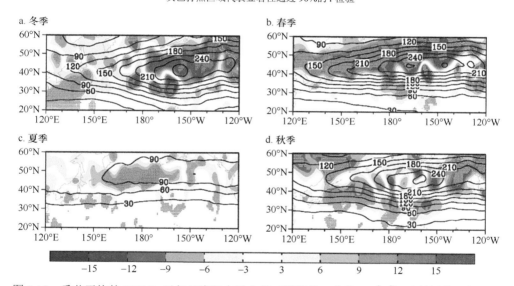

图 5.10　季节平均的 300hPa 天气尺度经向风方差（等值线，单位：m^2/s^2）及其异常回归至 I_{int}
的回归系数分布（填色，单位：m^2/s^2）

灰色打点区域代表显著性通过 90% 的 t 检验

5.2.3　北太平洋风暴轴与中纬度海洋锋强度关系季节变化的原因

上一小节指出风暴轴随海洋锋的加强（减弱）而增强（削弱），且两者关系
的强弱存在显著的季节变化，本小节重点分析造成这种季节变化的可能原因。

低层大气斜压性是影响风暴轴形成和发展的重要因素（Lindzen and Farrell，
1980；Hoskins and Valdes，1990），本小节用 950hPa 最大 Eady 增长率作为衡量
低层大气斜压性的指标。为了揭示与海洋锋强度有关的风暴轴异常特征，将低层
大气斜压性异常回归至 I_{int}（图 5.11）。可见，低层大气斜压性沿 40°N 呈纬向带

状分布，大值中心位于北太平洋西部，与海洋锋大值区域基本一致，并且低层大气斜压性在冬季最强，春季和秋季次之，夏季最弱。随着海洋锋加强，冬季低层大气斜压性在其气候态大值区的中部和东部显著加强（图 5.11a），有利于冬季风暴轴向下游加强（图 5.8a）；春季低层大气斜压性在其气候态大值区的北侧和上游加强（图 5.11b），有助于春季风暴轴向北加强（图 5.8b）；夏季和秋季低层大气斜压性虽然在气候态大值区也略有加强，但是其幅度明显小于冬季（图 5.11c，图 5.11d），导致夏季和秋季风暴轴呈现微弱加强（图 5.8c，图 5.8d）。因此，大气斜压性的季节变化是造成风暴轴与海洋锋强度关系呈现季节变化的重要原因。

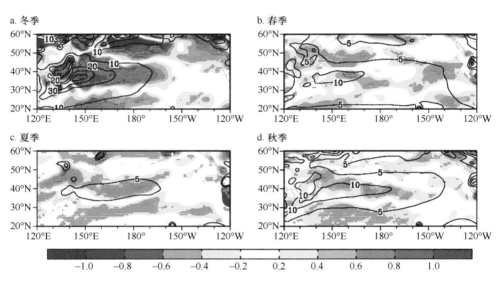

图 5.11　季节平均的 950hPa 最大 Eady 增长率（等值线，单位：$10^{-6}/s$）及其异常回归至 I_{int} 的回归系数分布（填色，单位：$10^{-6}/s$）
灰色打点区域代表显著性通过 90% 的 t 检验

　　根据 Cai 等（2007）的准地转模型，大气局地能量转换包括从平均流动能（mean flow kinetic energy，MKE）向涡动动能（EKE）的正压能量转换（barotropic energy conversion，BTEC），从平均流有效位能（mean available potential energy，MAPE）向涡旋有效位能（eddy available potential energy，EAPE）的斜压能量转换 1（baroclinic energy conversion 1，BCEC1），以及从 EAPE 向 EKE 的斜压能量转换 2（baroclinic energy conversion 2，BCEC2），其表达式分别为

$$\text{BTEC(MKE} \rightarrow \text{EKE)} = \frac{P_0}{g}\left\{\frac{1}{2}\left(\overline{v'^2} - \overline{u'^2}\right)\left(\frac{\partial \overline{u}}{\partial x} - \frac{\partial \overline{v}}{\partial y}\right) + \left(-\overline{u'v'}\right)\left(\frac{\partial \overline{v}}{\partial x} + \frac{\partial \overline{u}}{\partial y}\right)\right\} \quad (5.1)$$

$$\text{BCEC1(MAPE} \to \text{EAPE)} = -C_2\left(\overline{u'T'}\frac{\partial \overline{T}}{\partial x} + \overline{v'T'}\frac{\partial \overline{T}}{\partial y}\right) \qquad (5.2)$$

$$\text{BCEC2(EAPE} \to \text{EKE)} = C_1\left(\overline{\omega'T'}\right) \qquad (5.3)$$

式中，$C_1 = \left(P_0/p\right)^{C_v/C_p} R/g$，$C_2 = C_1\left(P_0/p\right)^{R/C_p}/\left(-\mathrm{d}\theta/\mathrm{d}p\right)$，其中 θ 是位温，g 为重力加速度，P_0 取 1000hPa，p 为气压，R 为干空气比气体常数，C_p 和 C_v 分别是干空气定压比热容和定容比热容；u、v、ω 表示三维风速；T 表示气温；带撇的量代表 2～8d 的瞬变扰动，带拔的量代表时间平均。

　　考虑到大气局地能量转换能够影响风暴轴活动（Lee et al.，2011，2012），分别计算各季节 850hPa BTEC 异常、BCEC1 异常、BCEC2 异常，并将其回归至 I_{int}（图 5.12～图 5.14）。可见，随着海洋锋加强，冬季 BTEC 在 160°E～180°呈现正异常，而在 150°W 以东至北美西海岸为负异常，这说明在风暴轴中心区域瞬变涡旋从平均流获得动能，而在风暴轴下游瞬变涡旋失去动能（图 5.12a）；春季风暴轴气候态大值中心和北部出现 BTEC 正异常，平均流动能向涡动动能的转换（图 5.12b）有利于春季风暴轴北移加强（图 5.8b）；夏季 BTCE 异常很弱（图 5.12c），说明其对风暴轴异常的贡献很小（图 5.8c）；秋季 40°N～60°N 是 BTEC 的负异常区（图 5.12d），对应秋季风暴轴北侧削弱（图 5.8d）。以上分析表明，BTEC 异常的季节变化能够部分解释风暴轴与海洋锋关系的季节变化。

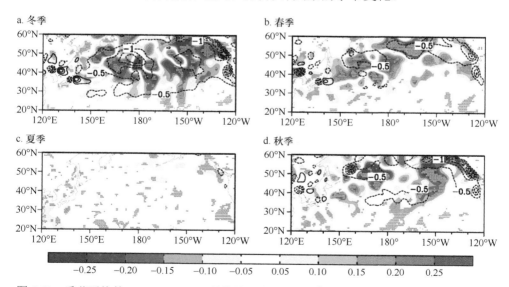

图 5.12　季节平均的 850hPa BTEC（等值线，单位：W/m²）及其异常回归至 I_{int} 的回归系数分布（填色，单位：W/m²）

灰色打点区域代表显著性通过 90%的 t 检验

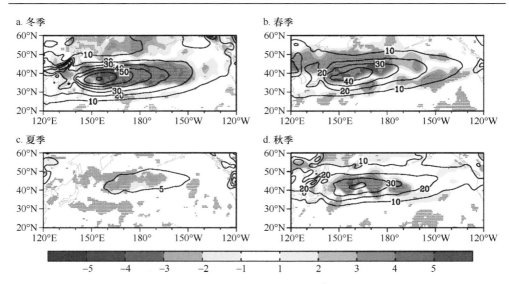

图 5.13　季节平均的 850hPa BCEC1（等值线，单位：W/m²）及其异常回归至 I_{int} 的回归系数分布（填色，单位：W/m²）

灰色打点区域代表显著性通过 90% 的 t 检验

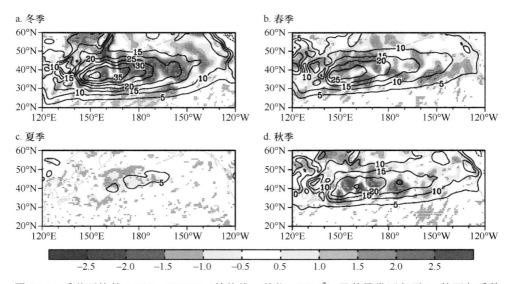

图 5.14　季节平均的 850hPa BCEC2（等值线，单位：W/m²）及其异常回归至 I_{int} 的回归系数分布（填色，单位：W/m²）

灰色打点区域代表显著性通过 90% 的 t 检验

在北太平洋中纬度强斜压区存在着强烈的平均流有效位能向涡动动能的转换（图 5.13，图 5.14），且 BCEC 强度远大于 BTEC 强度（图 5.12），这说明 BCEC

在风暴轴发展中发挥着更为重要的作用,因此下面重点分析 BCEC 的贡献。图 5.13 和图 5.14 分别是将 BCEC1 异常和 BCEC2 异常回归至 I_{int} 的回归系数分布。可见,当海洋锋加强时,冬季 BCEC1 和 BCEC2 在其中心和下游加强(图 5.13a,图 5.14a),促使冬季风暴轴在下游增强(图 5.8a);春季 BCEC1 和 BCEC2 在其西北部呈现显著的正异常(图 5.13b,图 5.14b),有助于春季风暴轴向西北加强(图 5.8b);而夏季和秋季的 BCEC1 和 BCEC2 正异常相对较弱(图 5.13c,图 5.13d,图 5.14c,图 5.14d),对应夏季和秋季风暴轴略微加强(图 5.8c,图 5.8d)。可见,随着海洋锋的加强,更多的平均流有效位能转换为涡旋有效位能,进而促进涡旋有效位能向涡动动能转换,有利于风暴轴加强,并且 BCEC 异常与风暴轴异常具有较好的对应关系,能够解释风暴轴与海洋锋强度关系呈现季节变化的原因。

以上分析表明,低层大气斜压性和斜压能量转换的季节变化是造成北太平洋风暴轴与中纬度海洋锋强度的关系呈现季节变化的主要原因。具体而言,当冬季(春季)海洋锋增强时,在风暴轴的中部和东部(西北部)低层大气斜压性强烈增强,同时出现大量的平均流有效位能向涡旋有效位能进而向涡动动能转换异常,有利于冬季(春季)风暴轴向下游(向西北)异常加强;而在夏季和秋季,海洋锋强度变化造成的低层大气斜压性和斜压能量转换异常较小,导致夏季和秋季的风暴轴与海洋锋强度的关系弱于冬季和春季,其中夏季最弱。

5.3　北太平洋风暴轴与中纬度海洋锋经向位置变化的关系及其原因

5.3.1　北太平洋中纬度海洋锋经向位置指数的定义

参考 Frankignoul 等(2011)的研究工作,定义中纬度海洋锋的经向位置指数(meridional position index,I_{pos})。首先,计算 1982~2011 年 145°E~170°E 的 SST 经向梯度,将海洋锋的经向位置定义为在 35°N 和 47°N 之间每条经线上 SST 经向梯度最大值所在纬度;然后,对每条经线上海洋锋的经向位置去除年循环、长期线性倾向和赤道低频变率的影响,得到海洋锋经向位置的异常值;最后,对海洋锋经向位置异常值进行 EOF 分解,得到标准化的第一主分量时间序列及其空间分布(图 5.15)。这里定义标准化第一主分量的时间序列为海洋锋的经向位置指数。第一主分量表征海洋锋南北移动的特点,正指数代表海洋锋异常偏北,而负指数代表海洋锋异常偏南。

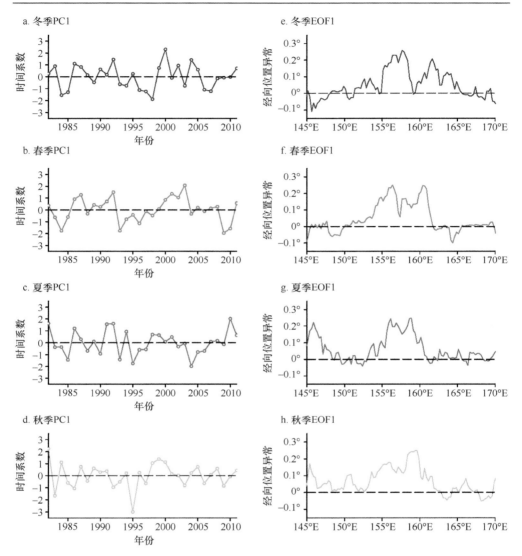

图 5.15　各季节 145°E～170°E 的 SST 经向梯度的最大值所在纬度 EOF 分解后的标准化第一主分量时间序列（a～d）及其空间分布（e～h）

5.3.2　北太平洋风暴轴与中纬度海洋锋经向位置变化的关系

为了研究北太平洋风暴轴与中纬度海洋锋南北移动的关系，将 850hPa 天气尺度经向热通量异常回归至 I_{pos}（图 5.16）。可见，当海洋锋偏北时，冬季风暴轴在其气候态大值区的北部（42°N 附近）加强，而在南部（32°N 附近）削弱，即风暴轴向北移动；春季风暴轴在气候态大值中心下游出现显著的负异常，而在上游和北部出现正异常，这说明春季风暴轴向西北移动；相比于其他季节，夏季风暴轴北移最少；与冬季类似，秋季风暴轴在其北侧为正异常，而在其南侧为负异常，这说明风暴轴随海洋锋北移，但是秋季风暴轴的北移程度大于冬季，这可能与秋季海洋锋的经向位置方差较大有关（图 5.3b）。以上分析表明，北太平洋风暴轴与中纬度海洋锋经向位置之间关系紧密，风暴轴随海洋锋的北移（南移）而北移（南移），且两者的关系呈现出显著的季节变化。具体而言，随着海洋锋的北移，冬季和秋季风暴轴均显著北移，且秋季的北移程度大于冬季，而春季和夏季风暴轴则表现出微弱的北移。另外，采用 500hPa 天气尺度位势高度方差和 300hPa 天气尺度经向风方差表征风暴轴的活动能够得到类似的结果（图 5.17，图 5.18）。

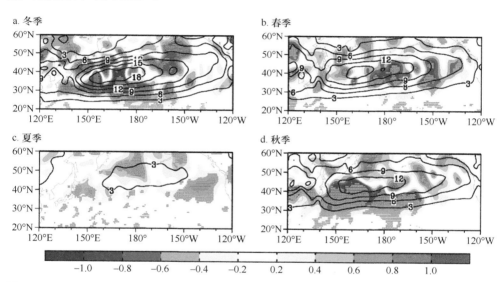

图 5.16　季节平均的 850hPa 天气尺度经向热通量（等值线，单位：K·m/s）及其异常回归至 I_{pos} 的回归系数分布（填色，单位：K·m/s）

灰色打点区域代表显著性通过 90% 的 t 检验

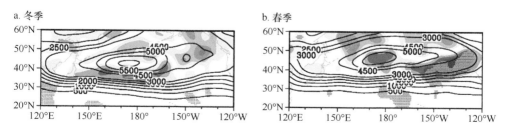

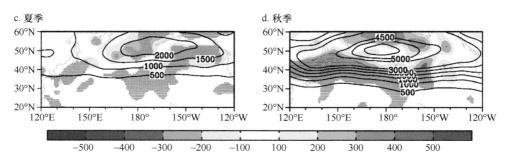

图 5.17　季节平均的 500hPa 天气尺度位势高度方差（等值线，单位：gpm^2）及其异常回归至
I_{pos} 的回归系数分布（填色，单位：gpm^2）

灰色打点区域代表显著性通过 90% 的 t 检验

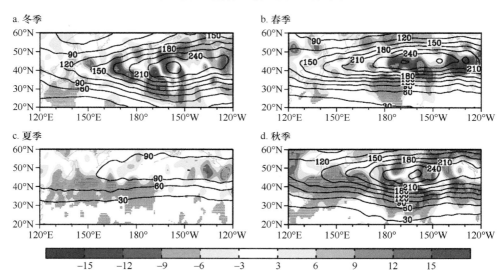

图 5.18　季节平均的 300hPa 天气尺度经向风方差（等值线，单位：m^2/s^2）及其异常回归至 I_{pos}
的回归系数分布（填色，单位：m^2/s^2）

灰色打点区域代表显著性通过 90% 的 t 检验

5.3.3　北太平洋风暴轴与中纬度海洋锋经向位置关系季节变化的原因

上一小节指出，北太平洋风暴轴随中纬度海洋锋位置的北移（南移）而北移
（南移），并且两者的关系呈现出显著的季节变化，本小节重点分析造成这种季
节变化的主要原因。

为了理解与海洋锋经向位置变化有关的风暴轴异常，将 950hPa 的最大 Eady
增长率异常回归至 I_{pos}（图 5.19）。可见，随着海洋锋北移，冬季低层大气斜压性
异常呈现出显著的经向"三明治"结构（图 5.19a），在大气斜压性气候态大值区
的北部出现显著的正异常，南部出现显著的负异常，这说明低层大气斜压性随海

洋锋北移，从而有利于风暴轴北移（图 5.16a）。而春季的低层大气斜压性在其气候态大值区及下游区域出现负异常（图 5.19b），对应春季风暴轴在主体及下游区域削弱（图 5.16b）。夏季低层大气斜压性也表现出北移的特点，但是北移程度远小于其他季节（图 5.19c），对应夏季风暴轴位置变化最小（图 5.16c）。与冬季类似，秋季低层大气斜压性显著北移（图 5.19d），但是秋季斜压性北移程度超过冬季，导致秋季风暴轴北移的程度大于冬季（图 5.16d）。以上分析表明，低层大气斜压性的季节变化是造成北太平洋风暴轴与中纬度海洋锋经向位置关系呈现季节变化的重要原因。

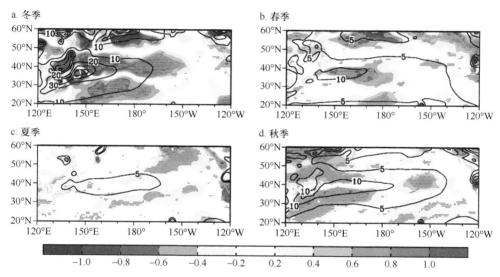

图 5.19　季节平均的 950hPa 的最大 Eady 增长率（等值线，单位：10^{-6}/s）及其异常回归至 I_{pos} 的回归系数分布（填色，单位：10^{-6}/s）

灰色打点区域代表显著性通过90%的 t 检验

　　下面分析大气局地能量转换的贡献。将 850hPa 的 BTEC 异常回归至 I_{pos} 的回归系数分布见图 5.20。随着海洋锋北移，冬季 BTEC 在北太平洋中部增强，但在北太平洋东部和西部减弱（图 5.20a），这说明瞬变涡旋在北太平洋中部从平均流中获得动能，对应该处风暴轴增强，而在北太平洋东部和西部失去动能，对应该处风暴轴减弱，这难以解释冬季风暴轴北移（图 5.16a）。春季 BTEC 在 40°N～50°N 呈现正异常，而在 50°N～60°N 呈现负异常（图 5.20b），不利于春季风暴轴北移（图 5.16b）。夏季 BTEC 异常较其他季节偏弱（图 5.20c）。秋季 BTEC 异常主要出现在 40°N 以北，在 140°E～170°E 是 BTEC 的正异常区，而在 170°E～140°W 是负异常区（图 5.20d），也难以解释秋季风暴轴北移（图 5.16d）。因此，BTEC 无法解释风暴轴与海洋锋经向位置的关系。

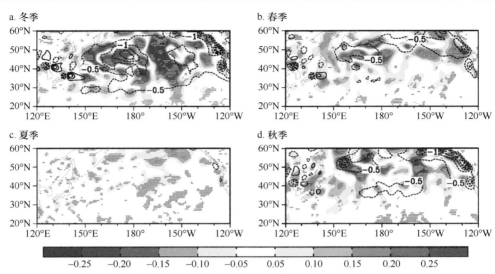

图 5.20　季节平均的 850hPa BTEC（等值线，单位：W/m^2）及其异常回归至 I_{pos} 的回归系数
分布（填色，单位：W/m^2）

灰色打点区域代表显著性通过 90% 的 t 检验

　　相比于 BTEC，BCEC 在风暴轴发展中起到了更为重要的作用，下面重点分析 BCEC 随海洋锋的变化。BCEC1 异常和 BCEC2 异常回归至 I_{pos} 的回归系数分布分别 见图 5.21 和图 5.22。随着海洋锋北移，冬季 BCEC1 异常和 BCEC2 异常都呈现出显 著的经向反位相分布（图 5.21a，图 5.22a），在 BCEC1 和 BCEC2 气候态大值区的 北部为正异常，而在其南部为负异常，这说明在约 38°N 以北存在大量的平均流有效 位能向涡动动能的转换，有利于风暴轴增强，而在 38°N 以南存在大量的涡动动能向 平均流有效位能的转换，使风暴轴削弱，因此冬季 BCEC 北移诱导冬季风暴轴北移 （图 5.16a）。春季 BCEC1 和 BCEC2 在其气候态大值中心和下游呈现显著的负异常 （图 5.21b，图 5.22b），这说明存在涡动动能向平均流有效位能的转换，造成春季风 暴轴沿中心和下游削弱（图 5.16b）。夏季 BCEC1 和 BCEC2 在其气候态大值区的北 部呈现微弱的正异常（图 5.21c，图 5.22c），这说明 BCEC1 和 BCEC2 略微向北移 动，对应夏季风暴轴略微北移（图 5.16c）。与冬季类似，秋季 BCEC1 异常和 BCEC2 异常都呈现出显著的北正南负的经向反位相分布，但是秋季 BCEC1 和 BCEC2 异常 的北移程度大于冬季（图 5.21d，图 5.22d），这刚好与秋季风暴轴北移程度大于冬季 的结果一致（图 5.16d）。因此，BCEC 异常与风暴轴异常具有很好的对应关系，说 明 BCEC 的季节变化导致了风暴轴与海洋锋经向位置关系呈现季节变化。

　　以上分析表明，低层大气斜压性和斜压能量转换的季节变化是造成北太平洋 风暴轴与中纬度海洋锋位置关系呈现季节变化的主要原因。随着海洋锋北移（南 移），低层大气斜压性向北（向南）加强，同时在风暴轴的北部（南部）出现大量的平均流有效位能向涡动动能的转换，有利于风暴轴向北（向南）移动；由海洋锋经向位置变化造成的秋季和冬季低层大气斜压性和斜压能量转换的经向移动大于春季和夏季，因此秋季和冬季风暴轴的经向位置变化大于春季和夏季。

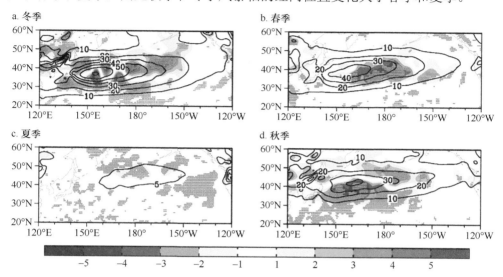

图 5.21　季节平均的 850hPa BCEC1（等值线，单位：W/m²）及其异常回归至 I_{pos} 的回归系数分布（填色，单位：W/m²）

灰色打点区域代表显著性通过 90%的 t 检验

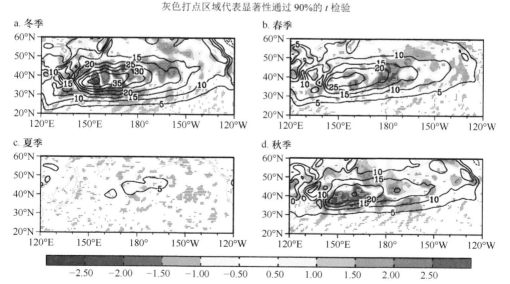

图 5.22　季节平均的 850hPa BCEC2（等值线，单位：W/m²）及其异常回归至 I_{pos} 的回归系数分布（填色，单位：W/m²）

灰色打点区域代表显著性通过 90%的 t 检验

第6章　中纬度海洋锋对北太平洋风暴轴异常的响应

北太平洋风暴轴与中纬度海洋锋之间存在紧密的相互作用关系，一方面，海洋锋能够通过改变表面感热通量影响低层大气温度经向梯度，从而影响低层大气斜压性，最终调制风暴轴活动（Nakamura et al.，2008；Hotta and Nakamura，2011；Yao et al.，2018c，2019）；另一方面，沿风暴轴传播的斜压涡旋可以通过将西风动量下传影响表面西风（Booth et al.，2010），而表面西风驱动洋流造成 SSTA，进而影响海洋锋。第 5 章研究了北太平洋风暴轴与中纬度海洋锋的同期关系，本章采用超前-滞后最大协方差分析（maximum covariance analysis，MCA）方法（Frankignoul and Sennéchael，2007；Gan and Wu，2013），分析北太平洋风暴轴与中纬度海洋锋之间的时滞关系，揭示影响两者相互作用的主要物理过程。

6.1　北太平洋风暴轴与中纬度海洋锋耦合关系的季节变化

为揭示北太平洋风暴轴与中纬度海洋锋之间耦合关系的年循环特征，对月平均风暴轴和海洋锋异常进行以月为时间延迟单位的超前-滞后 MCA。在进行 MCA 之前，分别从风暴轴场和海洋锋场中去除年循环、长期线性倾向和赤道低频变率的线性影响，得到风暴轴和海洋锋的异常场，然后再对风暴轴和海洋锋的异常场做超前-滞后 MCA。

超前-滞后 MCA 方法基于 SVD 方法，首先构造出风暴轴超前或滞后海洋锋的协方差矩阵，然后对该矩阵进行 SVD 分解，从而得到风暴轴超前或滞后海洋锋的空间耦合模态及其时间系数。在超前-滞后 MCA 中，t 时刻风暴轴（storm track，ST）场和 $t-\tau$ 时刻的海洋锋（oceanic front，OF）场通过 SVD 分解为 K 对正交的耦合模态：

$$\mathrm{ST}(x,y,t) = \sum_{k=1}^{K} l_k(x,y) a_k(t) \tag{6.1}$$

$$\mathrm{OF}(x,y,t-\tau) = \sum_{k=1}^{K} r_k(x,y) b_k(t-\tau) \tag{6.2}$$

式中，τ 为时间延迟（当 $\tau > 0$ 时，中纬度海洋锋场超前）；l_k 和 r_k 分别为风暴轴场和海洋锋场的第 k 对耦合模态空间型；a_k 和 b_k 分别为风暴轴场和海洋锋场的第 k 对耦合模态时间系数。k 越大，第 k 对耦合模态所揭示的协方差越小。当研究海洋锋异常对风暴轴活动的影响时，采用海洋锋同质图（homogenous map）和风暴轴异质图（heterogeneous map）来分析（甘波澜，2014），海洋锋同质图和风暴轴异质图定义为：$OF(x,y,t-\tau)$ 和 $ST(x,y,t)$ 分别回归至时间序列 $b_k(t-\tau)$ 上的回归系数场。相反地，当研究风暴轴活动异常对海洋锋的影响时，采用风暴轴同质图和海洋锋异质图来分析，风暴轴同质图和海洋锋异质图定义为：$ST(x,y,t)$ 和 $OF(x,y,t-\tau)$ 分别回归至时间序列 $a_k(t)$ 的回归系数场，此时 $\tau < 0$。为了确定 MCA 模态是否在统计学上有意义，采用蒙特卡罗（Monte Carlo）检验对平方协方差（squared covariance，SC）、平方协方差贡献率（squared covariance fraction，SCF）做显著性检验。MCA 的风暴轴区域为 20°N～60°N、120°E～120°W，海洋锋区域为 30°N～50°N、145°E～170°W。本章研究时段为 1911～2010 年，共 100 年，采用 2～8d 带通滤波的 850hPa 经向热通量（$\overline{v'T'}$）表征风暴轴活动。

图 6.1 是海洋锋异常超前或滞后风暴轴异常 1～6 个月的 MCA 第一模态的 SC，可见 SC 呈现出相对于时间延迟的强非对称性。当海洋锋异常超前风暴轴异常时（时间延迟为负值），SC 相对较小且基本不能通过显著性检验；但当风暴轴异常超前海洋锋异常时（时间延迟为正值），尤其是超前 1～2 个月时，SC 较大且通过了显著性检验。因此，在超前 1～2 个月时，风暴轴异常对海洋锋异常的强迫在两者的相互作用中起到了主导作用。另外，SC 共有三个大值中心，分别出现在 6 月风暴轴异常超前海洋锋异常 1 个月、9 月风暴轴异常超前海洋锋异常 1 个月以及 12 月风暴轴异常超前海洋锋异常 2 个月，这表明 6 月风暴轴异常对 7 月海洋锋异常、9 月风暴轴异常对 10 月海洋锋异常以及 12 月风暴轴异常对次年 2 月海洋锋异常的强迫作用较显著。图 6.2 是 SC 三个大值的 MCA 第一模态所对应的标准化风暴轴时间序列和海洋锋时间序列，6 月风暴轴异常与 7 月海洋锋异常、9 月风暴轴异常与 10 月海洋锋异常、12 月风暴轴异常与次年 2 月海洋锋异常具有较好的一致性，两者的相关系数分别为 0.56、0.60 和 0.53。以下将重点研究夏季（以 6 月为代表）、秋季（以 9 月为代表）和冬季（以 12 月为代表）风暴轴异常对滞后其 1～2 个月海洋锋异常的影响。由于春季风暴轴异常对海洋锋异常的影响相对较弱，本章暂不讨论春季的情况。

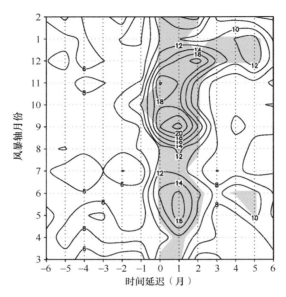

图 6.1 北太平洋风暴轴异常与中纬度海洋锋异常之间超前-滞后 MCA 第一模态的 SC（等值线，×10³）

时间延迟为正值代表海洋锋异常滞后风暴轴异常，时间延迟为负值代表海洋锋异常超前风暴轴异常；阴影部分表示显著性通过 95%的蒙特卡罗检验

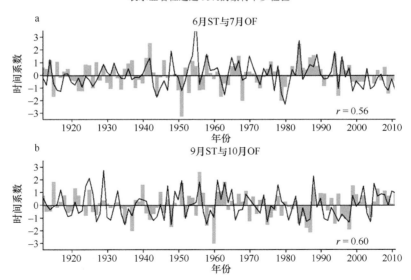

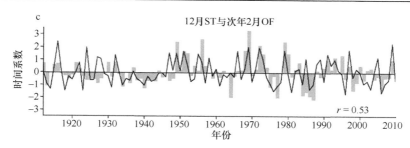

图 6.2　北太平洋风暴轴异常与中纬度海洋锋异常之间 MCA 第一模态所对应的标准化风暴轴
时间序列（实线）和海洋锋时间序列（柱状）

r 为风暴轴与海洋锋时间序列相关系数

6.2　中纬度海洋锋对北太平洋风暴轴异常的响应特征

6.2.1　夏季

夏季北太平洋风暴轴较弱,沿 42°N 纬向延伸,位于中纬度海洋锋上空(图 6.3a)。为了研究夏季海洋锋异常对风暴轴异常的响应特点,将 6 月风暴轴异常和 7 月海洋锋异常分别回归至 MCA 第一模态所对应的标准化风暴轴时间序列（图 6.2a,实线）,得到 6 月风暴轴的同质图和 7 月海洋锋的异质图（图 6.3b）。可以看出,6 月风暴轴在其气候态大值区的南部（30°N～45°N）呈现海盆尺度的正异常,正异常中心位于北太平洋中部,最大超过 1.5K·m/s；7 月的海洋锋在 40°N 以南呈现正异常,而在 40°N 以北是负异常。这说明 6 月向南增强的风暴轴可以强迫 7 月海洋锋南移（图 6.3b）。这对耦合模态所解释的协方差（即平方协方差）为 45.70%。图 6.3c 是将 7 月 SSTA 回归至 6 月风暴轴标准化的 MCA 时间序列上的回归系数分布,可见 6 月向南增强的风暴轴能够强迫 7 月 SST 在 30°N～50°N 以北出现海盆尺度的负异常,最大负异常可达–0.4℃,同时 20°N 至 30°N 出现小范围的暖异常,这种 SSTA 的分布型对应海洋锋南移。

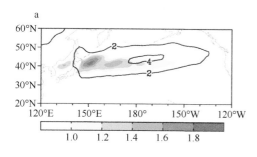

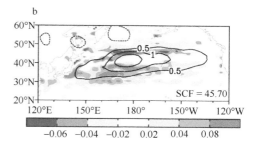

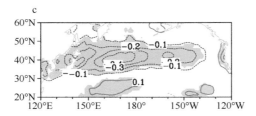

图6.3 6月北太平洋风暴轴(等值线,单位:K·m/s)和7月中纬度海洋锋(填色,单位:℃/100km)的气候平均场(a);6月风暴轴异常与滞后其1个月的7月海洋锋异常之间MCA第一模态所对应的风暴轴同质图(等值线,单位:K·m/s)与海洋锋异质图(填色,单位:℃/100km)(b);滞后1个月的7月SSTA回归至6月风暴轴标准化的MCA时间序列(图6.2a中实线)上的回归系数分布(等值线,单位:℃)(c)
阴影部分表示显著性通过95%的t检验

6.2.2 秋季

秋季风暴轴较强,呈纬向延伸,位于海洋锋上空略偏北侧(图6.4a)。将9月风暴轴异常和10月海洋锋异常分别回归至MCA第一模态所对应的标准化风暴轴时间序列(图6.2b中实线),得到9月风暴轴同质图和10月海洋锋异质图(图6.4b)。9月风暴轴在40°N~60°N呈现出海盆尺度的正异常,沿50°N的正异常振幅达2K·m/s,位于其气候态大值区的偏北侧;10月海洋锋在40°N以北呈现正异常,而在40°N以南是负异常,即海洋锋北移,这表明9月向北增强的风暴轴能够导致10月海洋锋北移。与夏季类似,9月正的风暴轴异常可以在其南部诱导产生海盆尺度的海洋锋正异常,最大异常达0.06℃/100km。这对耦合模态的所解释的协方差为54.36%,达最大值,这说明9月风暴轴对10月海洋锋的强迫最为强烈。图6.4c是10月SSTA回归至9月风暴轴标准化的MCA时间序列上的回归系数分布,可见随着9月风暴轴向北加强,10月SST在北太平洋中部和西部呈现显著的暖异常,而在北太平洋北部和北美西海岸沿岸呈现冷异常,这种SSTA的分布型对应海洋锋北移。

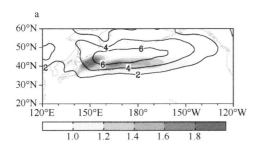
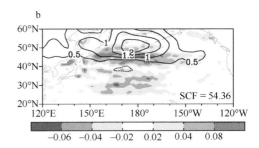

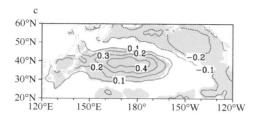

图6.4　9月北太平洋风暴轴(等值线，单位：K·m/s)和10月中纬度海洋锋(填色，单位：℃/100km)的气候平均场（a）；9月风暴轴与滞后其1个月的10月海洋锋异常之间 MCA 第一模态所对应的风暴轴同图（等值线，单位：K·m/s）与海洋锋异质图（填色，单位：℃/100km）（b）；滞后1个月的10月 SSTA 回归至9月风暴轴标准化的 MCA 时间序列（图6.2b中实线）上的回归系数分布（等值线，单位：℃）（c）

阴影部分表示显著性通过95%的 t 检验

6.2.3　冬季

　　冬季风暴轴强度最大，呈纬向延伸，位于海洋锋上空且向东延伸（图6.5a）。类似地，将12月风暴轴异常和次年2月海洋锋异常分别回归至 MCA 第一模态所对应的标准化风暴轴时间序列（图6.2c中实线），得到12月风暴轴同质图和2月海洋锋异质图（图6.5b）。风暴轴在其气候态大值区呈现海盆尺度的正异常，最大异常达 4K·m/s。2月海洋锋在风暴轴异常的下方呈现正异常，最大异常达0.04℃/100km，这说明12月增强的风暴轴能够加强次年2月的海洋锋。但是冬季海洋锋对风暴轴异常的响应明显弱于夏季和秋季，这可能是冬季深厚的混合层造成。将次年2月 SSTA 回归至12月风暴轴标准化的 MCA 时间序列上（图6.5c），可见12月加强的风暴轴能够诱导次年2月 SST 在北太平洋中部和西部出现暖异常，而在北美西海岸沿岸出现冷异常，这种 SSTA 分布型对应海洋锋的加强。

　　以上分析表明，北太平洋风暴轴异常能够对滞后其1~2个月的中纬度海洋锋产生显著的强迫作用。夏季南移增强的风暴轴导致海洋锋南移，秋季北移增强的风暴轴能够引起海洋锋北移，冬季增强的风暴轴能够促使海洋锋加强。综上，风暴轴对海洋锋的强迫在秋季最强，夏季和冬季次之，春季最弱。

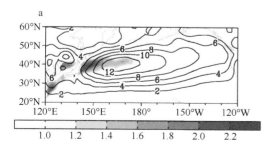

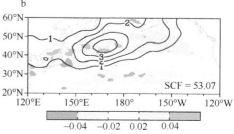

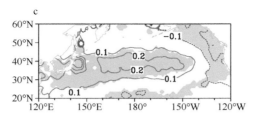

图6.5 12月北太平洋风暴轴（等值线，单位：K·m/s）和2月中纬度海洋锋（填色，单位：℃/100km）的气候平均场（a）；12月风暴轴与滞后其2个月的2月海洋锋异常之间MCA第一模态所对应的风暴轴同质图（等值线，单位：K·m/s）与海洋锋异常图（填色，单位：℃/100km）（b）；滞后2个月的2月SSTA回归至12月风暴轴标准化的MCA时间序列（图6.2c中实线）上的回归系数分布（等值线，单位：℃）（c）

阴影部分表示显著性通过95%的t检验

6.3　中纬度海洋锋对北太平洋风暴轴的响应机制

为了进一步揭示北太平洋风暴轴影响中纬度海洋锋的物理过程，诊断了海洋混合层热收支方程，其表达式如下：

$$\frac{\partial T}{\partial t} = \frac{Q_0 - Q_{open}\big|_{z=-h}}{\rho C_p h} - \vec{V}_{ek}\cdot\nabla T - \vec{V}_{geo}\cdot\nabla T - \frac{w_e\big|_{z=-h}\left(T - T\big|_{z=-h}\right)}{h} + \text{residual} \quad (6.3)$$

式中，∂t 指时间倾向项；T 是混合层温度，可近似等于 SST，$\nabla T = (\partial T/\partial x, \partial T/\partial y)$；$\rho$ 是海水密度；C_p 是海水的热容量；h 是混合层深度，这里定义海温比 5m 深度处海温高或者低 0.2℃ 的深度为混合层深度（Oka et al.，2007）；Q_0 代表海洋表面净热通量，是短波辐射通量（Q_{sw}）、长波辐射通量（Q_{lw}）、潜热通量（Q_{lh}）和感热通量（Q_{sh}）之和；Q_{open} 代表穿越混合层抵达混合层底的太阳辐射，可以表示为 $Q_{open}=Q_{sw}[R\exp(z/\gamma_1)+(1-R)\exp(z/\gamma_2)]$；$z$ 代表深度（Qiu and Kelly，1993；Qiu et al.，2004），依据 Qiu 等（2004）的研究工作，在西北太平洋取 $R=0.62$、$\gamma_1=0.6m$、$\gamma_2=20m$，这里规定 Q_0 和 Q_{open} 向下（即热量由大气向海洋输送）为正；水平平流可以分为 Ekman 分量和地转分量（Qiu and Kelly，1993；Faure and Kawai，2015），$\vec{V}_{ek}$ 是 Ekman 速度（$\vec{V}_{ek} = \vec{\tau}\times\vec{k}/(\rho f h)$，其中 $\vec{\tau}$ 是风应力），$\vec{V}_{geo}$ 是地转速度（$\vec{V}_{geo} = -g\nabla SSH\times\vec{k}/f$，其中 SSH 是海表高度），这里假设 Ekman 层包含于混合层；w_e 是夹卷速度，其定义为 $w_e = w\big|_{z=-h} + \frac{\partial h}{\partial t} + \vec{V}\big|_{z=-h}\cdot\nabla h$，可见夹卷速度是混合层底部垂直速度 $w\big|_{z=-h}$ 与混合层厚度变化率 $\frac{\partial h}{\partial t} + \vec{V}\big|_{z=-h}\cdot\nabla h$ 之和，由于向下的运动（卷出）无法影响混合层温度，这里只考虑向上的运动（卷入）（Schlundt et al.，2014）；residual 是方程余项。

式（6.3）右侧的前四项分别代表海表面净热通量、Ekman 平流输送、地转平流输送和垂直夹卷，包含混合层的水平和垂直耗散在内的方程余项相对较小，可以忽略（Faure and Kawai，2015；Cronin et al.，2016）。下面重点通过诊断海洋混合层热收支方程分析风暴轴影响 SST 的主要物理过程。

6.3.1　夏季

图 6.6 是海表面净热通量、Ekman 平流输送、地转平流输送和垂直夹卷异常同期回归至 lag=1 时 6 月的风暴轴标准化 MCA 时间序列（图 6.2a 中实线）上的回归系数分布。对比图 6.6 和图 6.3c 发现，夏季风暴轴异常主要是通过改变海表面净热通量和 Ekman 平流输送造成北太平洋 SSTA 分布。具体而言，从日本以东至北美西海岸存在一条东北-西南向的分界线，分界线以北海表面净热通量从海洋向大气输送，分界线以南从大气向海洋输送（图 6.6a）。Ekman 冷平流可以抵消部分海表面净热通量正异常（图 6.6b），这两项的共同作用产生沿 40°N 的 SST 冷异常（图 6.3c）。而由风暴轴异常造成的地转平流输送和垂直夹卷异常对 SSTA 的贡献相对较小（图 6.6c，图 6.6d）。

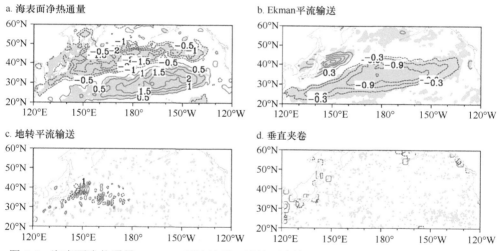

图 6.6　海表面净热通量、Ekman 平流输送、地转平流输送和垂直夹卷异常同期回归至 lag=1 时 6 月的风暴轴标准化 MCA 时间序列（图 6.2a 中实线）上的回归系数分布（等值线，间隔分别为 0.5×10^7K/s、0.3×10^7K/s、1.0×10^7K/s 和 0.5×10^7K/s）
阴影部分表示显著性通过 95%的 t 检验

为了进一步分析风暴轴影响海表面净热通量的途径，将海表面净热通量分解为潜热通量、感热通量、长波辐射通量和短波辐射通量，将这四项异常分别同期回归至 lag=1 时 6 月的风暴轴标准化 MCA 时间序列上，如图 6.7 所示。比较图 6.6a 和图 6.7 可知，夏季海表面净热通量异常是由这四项共同造成，其中短波辐射通量发挥主要作用。增强的风暴轴活动可以削弱（加强）北太平洋中部（东南部）

的短波辐射通量（图 6.7c），从而影响海表面净热通量。夏季风暴轴可以通过影响云量影响短波辐射通量（Norris，2000）。

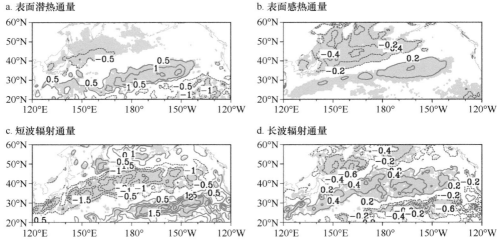

图 6.7 潜热通量、感热通量、短波辐射通量和长波辐射通量异常同期回归至 lag=1 时 6 月的风暴轴标准化 MCA 时间序列（图 6.2a 中实线）上的回归系数分布（等值线，单位：W/m²）
阴影部分表示显著性通过 95%的 t 检验

由于潜热通量和感热通量的异常主要和低层大气湿度、温度及表面风速有关，将 2m 大气湿度、2m 大气温度、10m 水平风场和海平面气压（sea level pressure，SLP）分别同期回归至 lag=1 时 6 月的风暴轴标准化 MCA 时间序列上，如图 6.8 所示。夏季增强的风暴轴会诱导产生海盆尺度的气旋式表面风异常（图 6.8c）。切变线以北的东北风异常将北太平洋北部的干冷空气输送至日本以东，造成表面大气湿度和温度的负异常（图 6.8a，图 6.8b），从而使表面潜热通量和感热通量呈现负异常（图 6.7a，图 6.7b）。同时切变线以南的西南风异常带来副热带的暖湿空气，使得表面大气湿度和温度呈现正异常（图 6.8a，图 6.8b），从而使表面潜热通量和感热通量呈现正异常（图 6.7a，图 6.7b）。气旋式表面风异常和北太平洋中部海平面低压异常有关（图 6.8d）。另外，海盆尺度的气旋式表面风异常能够诱导产生向南的 Ekman 冷平流（图 6.6b）。因此，由夏季风暴轴引起的表面风异常能够通过影响海表面净热通量和 Ekman 平流输送异常影响 SST 分布。

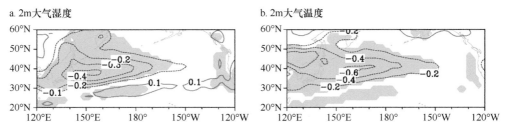

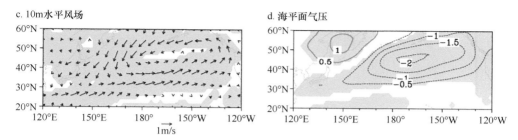

图 6.8　2m 大气湿度（等值线，单位：g/kg）、2m 大气温度（等值线，单位：℃）、10m 水平风场（矢量，单位：m/s）和海平面气压（等值线，单位：hPa）异常同期回归至 lag=1 时 6 月的风暴轴标准化 MCA 时间序列（图 6.2a 中实线）上的回归系数分布

阴影部分表示显著性通过 95% 的 t 检验

6.3.2　秋季

图 6.9 是海表面净热通量、Ekman 平流输送、地转平流输送和垂直夹卷异常同期回归至 lag=1 时 9 月的风暴轴标准化 MCA 时间序列（图 6.2b 中实线）上的回归系数分布。对比图 6.9 和图 6.4c 可见，由风暴轴造成的海表面净热通量异常和 Ekman 输送异常是造成秋季 SSTA 分布的主要原因。对比图 6.9a、图 6.9b 和图 6.4c 可见，175°W 以西正的海表面净热通量和沿 35°N 纬向延伸的 Ekman 暖平流强迫太平洋西部和中部出现 SST 暖异常，而 175°W 以东负的海表面净热通量和沿 45°N 纬向延伸的 Ekman 冷平流强迫太平洋东北部出现 SST 冷异常。但是北美西海岸附近的 SST 冷异常无法得到很好的解释。而由风暴轴造成的地转平流输送和垂直夹卷异常对 SSTA 的贡献相对较小（图 6.9c，图 6.9d）。

为了进一步分析风暴轴影响海表面净热通量的途径，将潜热通量、感热通量、长波辐射通量和短波辐射通量异常分别同期回归至 lag=1 时 9 月的风暴轴标准化 MCA 时间系数上（图 6.10）。比较图 6.10 和图 6.9a 可见，潜热通量和感热通量的异常分布型和海表面净热通量的分布型十分类似，这说明与风暴轴有关的涡动热通量异常是造成海表面净热通量异常的主要原因。

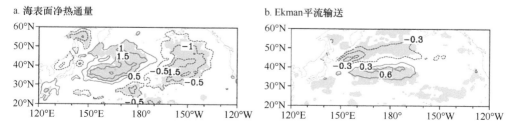

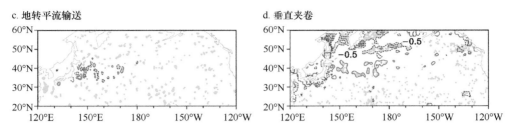

图 6.9 海表面净热通量、Ekman 平流输送、地转平流输送和垂直夹卷同期回归至 lag=1 时 9 月的风暴轴标准化 MCA 时间序列（图 6.2b 中实线）上的回归系数分布（等值线，间隔分别为 $0.5×10^7$K/s、$0.3×10^7$K/s、$1.0×10^7$K/s 和 $0.5×10^7$K/s）

阴影部分表示显著性通过 95% 的 t 检验

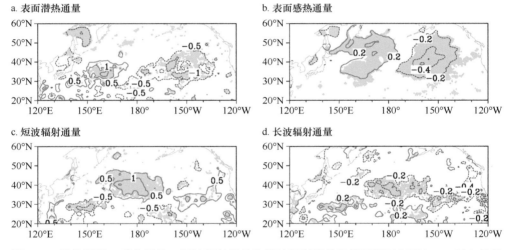

图 6.10 潜热通量、感热通量、短波辐射通量和长波辐射通量异常同期回归至 lag=1 时 9 月的风暴轴标准化 MCA 时间序列（图 6.2b 中实线）上的回归系数分布（等值线，单位：W/m²）

阴影部分表示显著性通过 95% 的 t 检验

　　图 6.11 是将 2m 大气湿度、2m 大气温度、10m 水平风场和海平面气压异常分别同期回归至 lag=1 时 9 月的风暴轴标准化 MCA 时间序列上的回归系数分布。与夏季不同，秋季加强的风暴轴会在北太平洋中部强迫出强烈的表面反气旋环流异常（图 6.11c），南风和北风的切变线与海表面净热通量正负分界线所在位置一致（175°W 附近）。切变线以西（以东）的南风和西南风异常（北风和西北风异常）从南（北）方携带暖湿（干冷）气团，造成表面大气湿度和温度的正（负）异常（图 6.11a，图 6.11b），从而产生涡动热通量的正（负）异常。另外，由风暴轴造成的反气旋环流异常在 40°N 以北诱导出向南的 Ekman 冷平流，而在 40°N 以南诱导出向北的 Ekman 暖平流。因此，由秋季风暴轴引起的表面风异常能够通过影响海表面净热通量和 Ekman 平流输送异常影响 SST 分布。

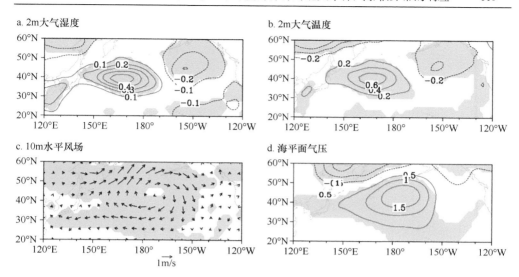

图 6.11　2m 大气湿度（等值线，单位：g/kg）、2m 大气温度（等值线，单位：℃）、10m 水平风场（矢量，单位：m/s）和海平面气压（等值线，单位：hPa）异常同期回归至 lag=1 时 9 月的风暴轴标准化 MCA 时间序列（图 6.2b 中实线）上的回归系数分布

阴影部分表示显著性通过 95%的 t 检验

6.3.3　冬季

　　类似地，将海表面净热通量、Ekman 平流输送、地转平流输送和垂直夹卷异常分别回归至 lag=2 时 12 月的风暴轴标准化 MCA 时间系数上，如图 6.12 所示。对比图 6.12 和图 6.5c 发现，与夏季和秋季类似，冬季增强的风暴轴主要通过改变海表面净热通量和 Ekman 平流输送诱导产生 SSTA，但是冬季的 Ekman 平流输送异常比夏季和秋季发挥了更为重要的作用。具体而言，北美西海岸的 SST 冷异常主要由海表面净热通量异常造成，而沿 35°N 北太平洋中部和西部的 SST 暖异常则是由海表面净热通量异常和 Ekman 暖平流输送异常共同造成。正负海表面净热通量之间存在一个西南-东北向的分界线，分界线以西的海表面净热通量正异常和40°N 以南的海盆尺度的 Ekman 暖平流共同造成了沿 35°N 分布的 SST 暖异常。

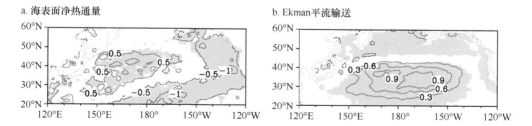

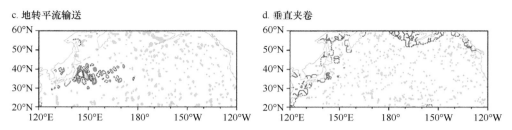

图 6.12　海表面净热通量、Ekman 平流输送、地转平流输送和垂直夹卷异常同期回归至 lag=2 时 12 月的风暴轴标准化 MCA 时间序列（图 6.2c 中实线）上的回归系数分布（等值线，间隔分别为 $0.5 \times 10^7 K/s$、$0.3 \times 10^7 K/s$、$1.0 \times 10^7 K/s$ 和 $0.5 \times 10^7 K/s$）
阴影部分表示显著性通过 95% 的 *t* 检验

　　为了进一步分析风暴轴影响海表面净热通量的途径，将潜热通量、感热通量、长波辐射通量和短波辐射通量异常分别同期回归至 lag=2 时 12 月的风暴轴标准化 MCA 时间系列上（图 6.13），发现冬季风暴轴异常主要通过引起表面潜热通量和感热通量异常造成海表面净热通量异常（图 6.13a，图 6.13b）。不同于夏季和秋季，冬季短波辐射通量和长波辐射通量异常对海表面净热通量的贡献很小（图 6.13c，图 6.13d）。

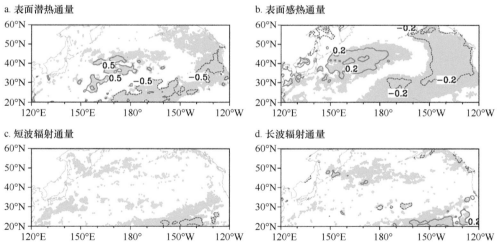

图 6.13　潜热通量、感热通量、短波辐射通量和长波辐射通量异常同期回归至 lag=2 时 12 月的风暴轴标准化 MCA 时间序列（图 6.2c 中实线）上的回归系数分布（等值线，单位：W/m^2）
阴影部分表示显著性通过 95% 的 *t* 检验

　　图 6.14 是将 2m 大气湿度、2m 大气温度、10m 水平风场和海平面气压异常分别同期回归至 lag=2 时 12 月的风暴轴标准化 MCA 时间序列上的回归系数分布。分析发现，冬季增强的风暴轴会诱导产生海盆尺度的反气旋式表面风场异

常（图 6.14c），同时阿留申低压异常减弱（图 6.14d）。北太平洋西部（东部）强烈的西南风（东北风）从南方（北方）带来暖湿（干冷）气团，造成北太平洋中西部（北美西海岸）表面湿度和气温的正异常（负异常）（图 6.14a，图 6.14b），致使表面潜热通量和感热通量出现正异常（负异常）（图 6.13a，图 6.13b）。另外，与风暴轴异常有关的反气旋式风场异常有助于在 40°N 以南形成向北的 Ekman 暖平流异常（图 6.12b）。

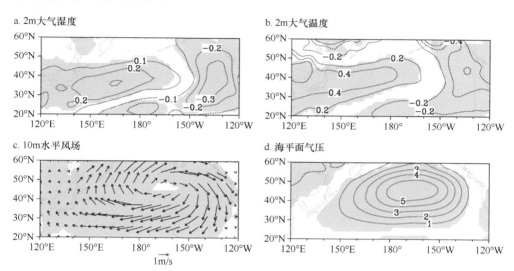

图 6.14　2m 大气湿度（等值线，单位：g/kg）、2m 大气温度（等值线，单位：℃）、10m 水平风场（矢量，单位：m/s）和海平面气压（等值线，单位：hPa）异常同期回归至 lag=2 时 12 月的风暴轴标准化 MCA 时间序列（图 6.2c 中实线）上的回归系数分布
阴影部分表示显著性通过 95%的 t 检验

　　综上所述，由北太平洋风暴轴异常造成的海表面净热通量和 Ekman 平流输送异常是强迫中纬度海洋锋变化的主要原因。夏季和秋季海表面净热通量发挥着更为重要的作用，而冬季海表面净热通量和 Ekman 平流输送发挥着基本同等重要的作用。海表面净热通量异常主要由涡动热通量异常造成，短波辐射通量异常在夏季海表面净热通量异常中具有重要贡献，但在冬季贡献很小。海表面净热通量异常和 Ekman 平流输送异常都与由风暴轴强迫的表面风场异常有关。

第 7 章　北太平洋风暴轴对中纬度海洋锋强度变化的响应

第 6 章分析了北太平洋风暴轴与中纬度海洋锋之间的相互作用，指出北太平洋风暴轴异常能够对滞后其 1~2 个月的中纬度海洋锋产生显著的强迫作用。Brayshaw 等（2008）利用一组强度变化的海洋锋驱动大气环流，发现风暴轴的强度和位置都会受到海洋锋的影响。Nakamura 等（2008）通过平滑和保留海洋锋的两组数值试验发现，将海洋锋平滑后风暴轴强度削弱了 40%左右，这说明海洋锋对风暴轴活动具有重要的维持作用（Sampe et al.，2010；Hotta and Nakamura，2011）。但是，以往大多研究通过理想水球模型分析海洋锋对风暴轴的影响，而忽略了实际的海陆分布。本章利用实际下垫面和边界条件驱动的高分辨率天气研究和预报（weather research and forecasting，WRF）模式，设计一组强度变化的海洋锋强迫大气模式，研究北太平洋风暴轴对中纬度海洋锋强度变化的敏感性，进一步揭示风暴轴对海洋锋强度的响应机制。

7.1　模式和数值试验方案设计

本章采用 WRF 模式 3.4.1 版本，WRF 模式是一个准正压、非静力的中尺度模式（Skamarock，2008）。模式区域以 35°N、150°E 为中心，格距为 25km，水平格点数为 280×185（东西×南北），垂直方向分为 27 层，模式层顶取为 50hPa。模拟的初始场和边界场采用 1°×1°的 NCEP/FNL 再分析资料，资料每 6h 更新一次。模式积分时间从 2003 年 11 月 15 日 0 时至 2014 年 3 月 16 日 0 时。微物理为 WSM 3-class 方案，积云对流参数化为 Kain-Fritsch (New Eta)方案，长波辐射为 RRTM 方案，短波辐射为 Dudhia 方案，近地层为 Monin-Obukhov 方案，陆面过程为 Unified Noah 方案，边界层为 YSU 方案。

为了研究风暴轴对海洋锋强度变化的敏感性，在控制性（control，CTL）试验的基础上，设计了一组 SST 经向梯度变化的敏感性（sensitive，SEN）试验，SEN 试验中 SST 变化的区域范围为 32°N~49°N、145°E~180°。具体做法是：首先，计算 145°E~180°每条经线上 38°N~43°N CTL 试验的 SST 经向梯度；其次，将 38°N~43°N 的 SST 经向梯度分别改变为 CTL 试验的 0.50 倍（SEN050）、0.75 倍（SEN075）、1.25 倍（SEN125）、1.50 倍（SEN150）、1.75 倍（SEN175）和

2.00 倍（SEN200）；最后，根据多项式拟合函数，确定各敏感性试验中 145°E～180° 每条经线上 SST 随纬度的变化。图 7.1 为 CTL 试验和各 SEN 试验中冬季 145°E～180° 纬向平均的 SST 及其经向梯度随纬度的变化。可见，从 SEN050 试验到 SEN200 试验，38°N～43°N 的 SST 的经向梯度逐渐增强。通过比较各敏感性试验的结果，研究北太平洋风暴轴对中纬度海洋锋强度变化的敏感性。

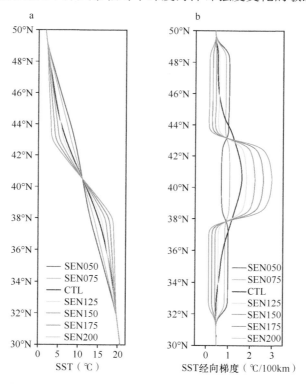

图 7.1　CTL 试验和各 SEN 试验中冬季 145°E～180° 纬向平均的 SST 及其经向梯度随纬度的变化

7.2　北太平洋风暴轴对中纬度海洋锋强度变化响应的敏感性

由于 2003/2004 年冬季 KE 处于稳定态，海洋锋较强（Qiu and Chen，2005），因此研究时段选取 2003 年 12 月 1 日至 2004 年 2 月 29 日。本章采用 2～8d 带通滤波的 850hPa 经向热通量（$\overline{v'T'}$）表征风暴轴活动。首先利用美国国家环境预测中心-美国国家大气研究中心（National Centers for Environmental Prediction-National Center for Atmospheric Research，NCEP/NCAR）再分析资料作为观测资料，检验 CTL 试验的模拟效果。图 7.2 是观测（observation，OBS）和 CTL 试验模拟的冬季 850hPa 天气尺度经向热通量和 SST 分布，可见 SST 经向梯度的大值区沿 40°N 分布，而风暴轴活动强烈的区域恰好位于海洋锋区的上空。对比图 7.2a

和图 7.2b 可见，CTL 试验对 2003/2004 年冬季北太平洋风暴轴的强度和位置具有较好的模拟能力。

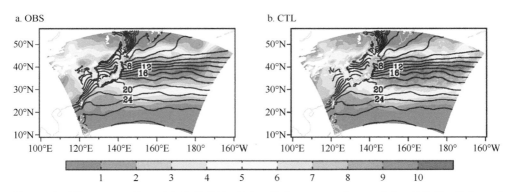

图 7.2 冬季的 850hPa 天气尺度经向热通量（填色，单位：K·m/s）和 SST 分布（等值线，单位：℃）

图 7.3 是 CTL 试验和各 SEN 试验模拟的冬季 850hPa 天气尺度经向热通量和 SST 经向梯度。可见，随着海洋锋逐渐加强，风暴轴活动逐渐增强，尤其是在海洋锋上空和下游区域风暴轴活动最为强烈。值得注意的是，随着海洋锋增强，风暴轴最强响应区域沿经向收缩并逐渐向海洋锋轴线靠近。在 CTL 试验中，风暴轴强度最大值约为 10K·m/s，沿 35°N 呈纬向分布。而当海洋锋强度增大为 CTL 试验的 2 倍时（SEN200），风暴轴强度最大值增至 12K·m/s 左右，并北移至 38°N 附近，更加靠近海洋锋轴线（40°N 附近）。图 7.4 是各试验（38°N～43°N，145°E～180°）区域平均的冬季 850hPa 天气尺度经向热通量和 SST 经向梯度。可见，随着海洋锋线性增强，风暴轴呈现出非线性增强的特点，从 SEN075 试验至 CTL 试验和从 SEN150 试验至 SEN175 试验风暴轴增强幅度较大，而从 SEN050 试验至 SEN075 试验和从 SEN175 试验至 SEN200 试验风暴轴强度基本不变。图 7.5 是各 SEN 试验与 CTL 试验模拟的冬季 850hPa 天气尺度经向热通量和 SST 经向梯度的差值场，可见风暴轴的增强（削弱）区域与海洋锋的加强（减弱）区域具有非常一致的对应关系，风暴轴在海洋锋加强区域上空和下游显著增强，而在海洋锋减弱区域上空显著减弱。

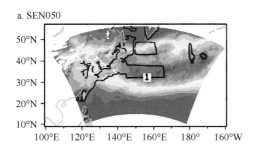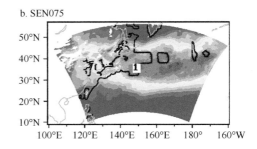

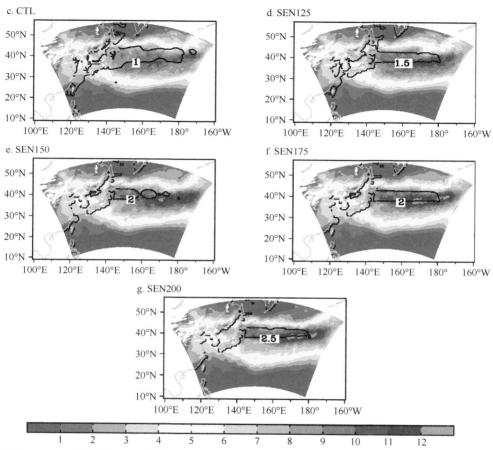

图 7.3　CTL 试验和各 SEN 试验中冬季 850hPa 天气尺度经向热通量（填色，单位：K·m/s）和 SST 经向梯度（等值线，单位：℃/100km）

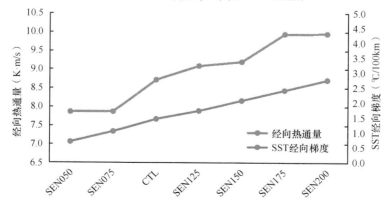

图 7.4　CTL 试验和各 SEN 试验中（38°N～43°N，145°E～180°）区域平均的冬季 850hPa 天气尺度经向热通量（单位：K·m/s）和 SST 经向梯度（单位：℃/100km）

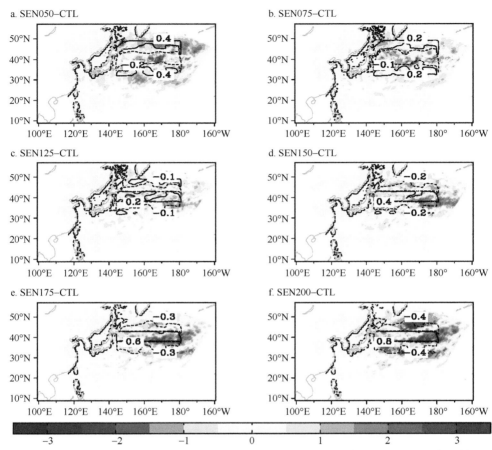

图 7.5　各 SEN 试验与 CTL 试验模拟的冬季 850hPa 天气尺度经向热通量之差（填色，单位：K·m/s）和 SST 经向梯度（等值线，单位：℃/100km）之差

因此，北太平洋风暴轴对中纬度海洋锋强度变化具有很高的敏感性。随着海洋锋增强，风暴轴活动在海洋锋的上空和下游显著加强，同时风暴轴经向范围逐渐收缩并向海洋锋轴线靠近。

7.3　北太平洋风暴轴对中纬度海洋锋强度变化的响应机制

上一节通过一组敏感性试验分析了风暴轴对海洋锋强度的敏感性，本节通过对比 CTL 试验和 SEN200 试验的模拟结果，进一步揭示风暴轴对海洋锋强度变化的响应机制。

7.3.1　低层大气斜压性

低层大气斜压性能够对天气尺度涡旋的斜压增长产生重要影响，本小节采用

925hPa 的最大 Eady 增长率代表低层大气斜压性。图 7.6 是 CTL 试验和 SEN200 试验模拟的冬季 925hPa 大气斜压性和大气温度经向梯度及其差值场。对比图 7.6a 和图 7.3c 发现，CTL 试验的低层大气斜压性沿海洋锋呈纬向带状分布，其大值轴线位于海洋锋轴线的偏赤道侧 2° 左右，而低层大气斜压性和风暴轴的大值区基本一致。当 SST 经向梯度增大为 CTL 试验的 2 倍时（SEN200 试验），低层大气温度经向梯度也随之增强（图 7.6b），而斜压性增强最强的区域和大气温度经向梯度增大的大值区一致（图 7.6c），这说明低层大气斜压性的变化主要受到大气温度经向梯度变化的影响。比较图 7.5f 和图 7.6c 可知，风暴轴活动增强最显著的区域位于低层大气斜压性最大增强区域及下游，这是风暴轴的下游发展效应造成（Orlanski and Chang，1993）。以上分析表明，海洋锋能够通过改变低层大气温度经向梯度影响低层大气斜压性，进一步影响风暴轴活动。

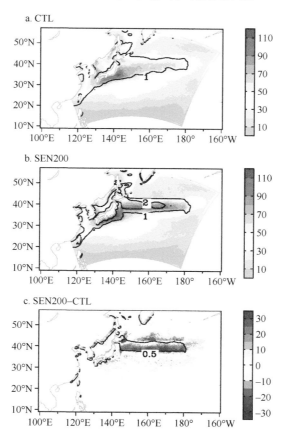

图 7.6　冬季 925hPa 的大气斜压性（填色，单位：10^{-6}/s）和大气温度经向梯度（等值线，单位：℃/100km）

7.3.2 天气尺度经向风速扰动和气温扰动

为了解释 SEN200 试验中风暴轴的增强原因，分别分析 850hPa 天气尺度经向热通量（$v'T'$）、850hPa 天气尺度经向风扰动（v'）和 850hPa 天气尺度气温扰动（T'）在 CTL 试验和 SEN200 试验中随时间的演变。如图 7.7 所示，在 SEN200 试验中，大部分时刻 $v'T'$ 均强于 CTL 试验（图 7.7a），对应时刻的 v' 和 T' 分量也强于 CTL 试验（图 7.7b，图 7.7c）。但是 v' 和 T' 单独增强不足以解释 $v'T'$ 的增强，还需要考虑 v' 和 T' 的位相关系。图 7.8 是 v' 和 T' 的相关系数场，可见 SEN200 试验中 v' 和 T' 的相关关系强于 CTL 试验，且相关系数最大增强区域与风暴轴最大增强区域一致，即随着海洋锋强度增强，v' 和 T' 的位相关系趋于一致，更有利于风暴轴发展。综上所述，增强的海洋锋分别通过加强天气尺度经向风扰动、天气尺度气温扰动，以及使得两者的位相更为一致导致风暴轴增强。

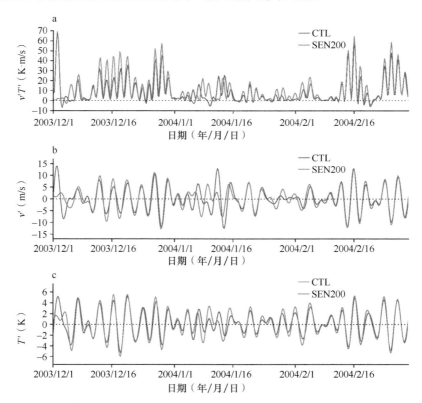

图 7.7　CTL 试验和 SEN200 试验中（37°N～42°N，165°E～175°E）区域平均的 850hPa 天气尺度经向热通量、850hPa 天气尺度经向风扰动和 850hPa 天气尺度气温扰动以 6h 为间隔的时间序列

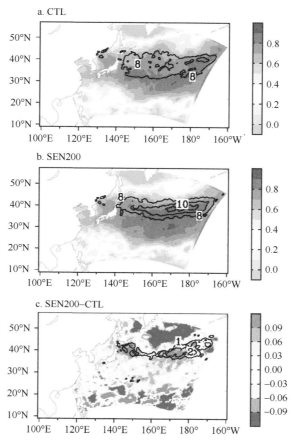

图 7.8　850hPa 天气尺度经向风扰动和气温扰动的相关系数场（填色）和 850hPa 的天气尺度经向热通量（等值线，单位：K·m/s）

7.3.3　局地能量转换

Nakamura 和 Sampe（2002）、Lee 等（2011）指出，天气尺度经向风扰动和气温扰动间相关性的加强可以造成更多平均流有效位能向涡旋有效位能转换。因此，本小节重点诊断 CTL 试验和 SEN200 试验的大气局地能量转换，即平均流动能向涡动动能的转换（正压能量转换，BTEC）、平均流有效位能向涡旋有效位能的转换（斜压能量转换 1，BCEC1）和涡旋有效位能向涡动动能的转换（斜压能量转换 2，BCEC2）。如图 7.9 所示，CTL 试验中 BTEC 较弱且分布相对分散（图 7.9a），SEN200 试验中在海洋锋南侧（35°N 附近）天气尺度涡旋从平均流中获取更多的动能（图 7.9b，图 7.9c）。而 BCEC 比 BTEC 大一个量级，这说明 BCEC 在风暴轴发展中起到了更为关键的作用（Lee et al.，2011，2012）。CTL 试验中

BCEC1 的大值区位于风暴轴大值区的上游（图 7.9d），随着海洋锋增强，SEN200 试验中 BCEC1 沿 40°N 显著增强，且沿经向收缩并逐渐向海洋锋轴线靠近（图 7.9e，图 7.9f），这正好可以解释随着海洋锋增强风暴轴大值区域向海洋锋轴线靠近的特征（图 7.3）。BCEC2 随海洋锋强度的变化特点与 BCEC1 基本一致，但是 BCEC2 相对 BCEC1 较弱且结构更加分散（图 7.9g～图 7.9i）。可见，BCEC 随海洋锋增强的区域与风暴轴增强的区域具有很好的一致性，这说明加强的海洋锋能够促使更多的平均流有效位能向涡动动能的斜压能量转换，从而为风暴轴活动提供更多能量，有助于风暴轴加强。

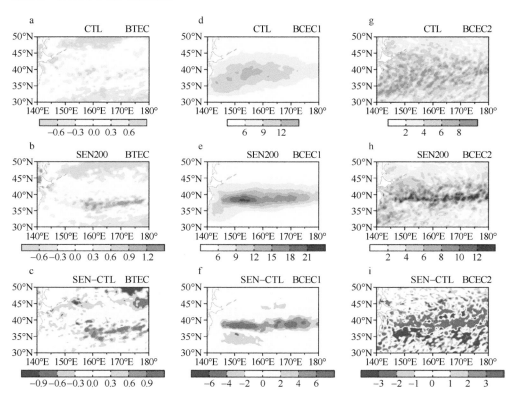

图 7.9　850hPa 平均流动能向涡动动能的转换（BTEC）、平均流有效位能向涡旋有效位能的转换（BCEC1）和涡旋有效位能向涡动动能的转换（BCEC2）的空间分布（单位：W/m²）

　　综上，增强的海洋锋能够通过增强低层大气温度经向梯度加强低层大气斜压性，从而加强风暴轴强度；而加强的风暴轴是由增强的涡旋经向风扰动、增强的涡旋温度扰动以及更趋于一致的位相关系共同造成的。另外，斜压能量转换是瞬变涡旋发展的主要能量来源，是风暴轴随海洋锋的增强而加强的主要原因。

7.4　中纬度海洋锋对低层大气斜压性恢复过程的影响

中纬度海洋锋两侧的表面感热通量差能够有效地恢复由瞬变涡旋经向热输送削弱的低层大气斜压性，从而维持风暴轴活动，即"海洋斜压调整机制"（Nakamura et al.，2008；Sampe et al.，2010）。本节通过比较 CTL 试验和 SEN200 试验中低层大气斜压性的恢复时间和恢复强度，研究海洋锋对低层大气斜压性恢复过程的影响。

图 7.10 是 CTL 试验和 SEN200 试验中（38°N～43°N，163°E～168°E）区域平均的标准化的 10m 天气尺度经向风扰动的时间序列。取北风大于 1.5 倍标准差的时刻为合成时刻，CTL 试验和 SEN200 试验分别有 8 个合成时刻（图 7.10 中空心圆）。

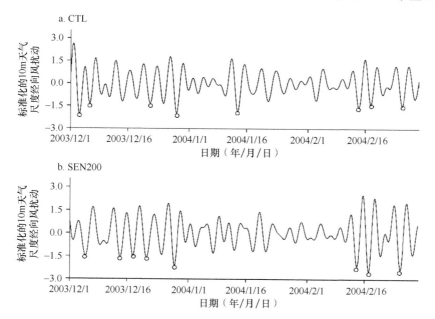

图 7.10　（38°N～43°N，163°E～168°E）区域平均的标准化的 10m 天气尺度经向风扰动的
时间序列

空心圆圈代表用于合成的时刻，即标准差大于等于 1.5 的时刻

由于低层大气斜压性主要由低层大气温度经向梯度决定，因此本节使用 2m 大气温度经向梯度表征低层大气斜压性。图 7.11 为 CTL 试验和 SEN200 试验（38°N～43°N，163°E～168°E）区域平均的 2m 大气温度经向梯度的合成图，重点分析滞后合成时刻 0～36h 的合成结果。在 CTL 试验中，由于涡旋经向热通量输送，大气温度经向梯度迅速削弱，在滞后 12h 后削弱至合成时刻的 91.77%；随后经历了一个逐渐恢复的过程，在滞后 24h 后恢复至合成时刻的 97.13%；之后又

出现了一次削弱过程。在 SEN200 试验中，大气温度经向梯度的变化经历了一个和 CTL 试验类似的变化过程，在滞后 17h 后削弱至合成时刻的 96.25%，然后开始回升，在滞后 28h 后恢复至合成时刻的 100.83%。以上分析表明，当海洋锋增强后，低层大气斜压性会先经历一个更弱的削弱过程，尔后经历一个更缓慢但是更强的恢复过程。

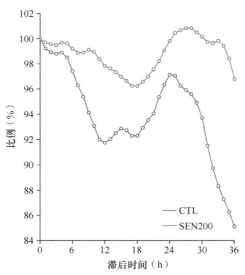

图 7.11　（38°N～43°N，163°E～168°E）区域平均的 2m 大气温度经向梯度的合成图
纵坐标代表相对于初始时刻的比例，横坐标表示滞后合成时刻的时间

相比于 CTL 试验，SEN200 试验中 SST 经向梯度较大，海洋锋上空的大气温度经向梯度较大，大气斜压性较强，更不易被瞬变涡旋活动所削弱，因此 SEN200 试验中大气斜压性的削弱程度比 CTL 试验弱（图 7.11）。但是，为什么 SEN200 试验中的大气斜压性会经历一个更加缓慢但是更强烈的恢复过程？下面重点分析 CTL 试验和 SEN200 试验表面感热通量和 10m 水平风场在合成时刻之后的演变过程（图 7.12）。

在合成时刻，天气尺度瞬变涡旋不断向极输送大量热量，从而削弱大气温度经向梯度。从合成时刻至合成时刻后的 16h（22h）内，CTL 试验（SEN200 试验）中的海洋锋上空盛行西北风，由西北风带来的冷气团跨越海洋锋在海洋锋南侧造成强烈的海气温差，海洋向大气输送大量的感热通量；SEN200 试验中海洋锋南侧的表面感热通量远大于 CTL 试验，最大值超过 220W/m^2，而 CTL 试验最大值超过 150W/m^2。但是，SEN200 试验中海洋锋北侧的表面感热通量却弱于 CTL 试验，SEN200 试验最小值为 65W/m^2，CTL 试验最小值为 90W/m^2。相比于 CTL 试验，SEN200 试验中海洋锋更强，表面感热通量在海洋锋向极侧更弱，而在海洋锋向赤道侧更强，能够造成更大的海洋锋两侧的表面感热通量差，从而更加强烈

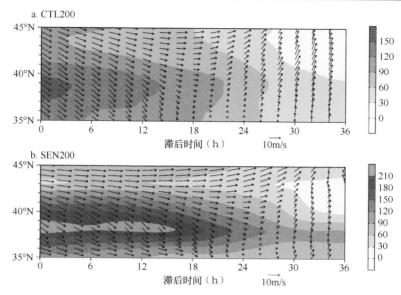

图 7.12　合成的 163°E～168°E 纬向平均的表面感热通量（填色，单位：W/m²）和 10m 水平风
场（矢量，单位：m/s）的纬度-时间演变图

横坐标表示滞后合成时刻的时间

地抵消涡旋的经向热输送对大气斜压性的削弱，使得 SEN200 试验中大气斜压性
得到更强的恢复（图 7.11）。由于 SEN200 试验中强烈的西北风维持了约 20h，
而 CTL 试验中西北风只维持了大约 14h，因此在 SEN200 试验中跨越海洋锋两侧
的表面感热通量差维持时间更长，导致大气斜压性恢复时间更长。

　　在滞后合成时刻 18h（24h）时，CTL 试验（SEN200 试验）中的西北风转为
西风，之后是西南风，海洋锋北侧的表面感热通量逐渐变小。西南风将暖气团带
到海洋锋以北，刚恢复的低层大气斜压性再次开始减弱（图 7.10）。在 SEN200
试验中西南风出现的时刻比 CTL 试验晚，因此 SEN200 试验中大气斜压性再次削
弱的时刻比 CTL 试验迟 4h 左右。西南风带来的暖气团使得海洋锋以北的表面感
热通量减弱，甚至转变为大气向海洋输送热量。在滞后合成时刻 36h 时，SEN200
试验中海洋锋两侧的表面感热通量差仍然大于 CTL 试验，因此，SEN200 试验中
大气斜压性再次恢复的强度仍然大于 CTL 试验。

　　以上分析表明，海洋锋强度变化能够对低层大气斜压性的恢复过程产生显著
影响。当海洋锋增强后，低层大气斜压性会先经历一个更弱的削弱过程，尔后经
历一个更缓慢但是更强的恢复过程。这是由于海洋锋增强后，海洋锋上空的大气
斜压性随之增强，从而更不易被瞬变涡旋活动所削弱。另外，增强的海洋锋能够
造成其两侧表面感热通量差的增大，从而更为有效地抵消涡旋经向热通量输送对
大气斜压性的削弱，因此大气斜压性可以恢复到更强的水平。

第 8 章　北太平洋风暴轴对中尺度海温的响应特征及其机制

近年来，随着高分辨率卫星资料以及高分辨率数值模式的应用，海洋中尺度涡对风暴轴的影响受到国内外的广泛关注。与大尺度的海气相互作用相比，中尺度的海气耦合过程明显不同，具体表现为在中小尺度上中纬度海洋对大气有明显的强迫作用（Bishop et al.，2017）。Chelton 等（2004）指出，中尺度海温与表面风速之间存在显著的正相关关系，风吹过暖（冷）涡旋时会被加速（减速）。Bryan 等（2010）采用高分辨率模式也得到了类似的结果。Minobe 等（2008）的研究则进一步表明，海洋中尺度结构会对大气边界层和自由大气产生显著影响。Ma 等（2017）利用一个高分辨率区域大气模式，通过保留和去除中尺度海温，研究了 KE 区域中尺度海温对北太平洋风暴轴模拟的影响，他们指出在去除中尺度海温之后，KE 区域风暴轴的强度显著减弱。此外，他们还对比了高、低分辨率模式的结果，指出只有高分辨率模式能够反映出中尺度海温对风暴轴的影响。然而，区域模式可能会受到大气、海洋侧边界条件以及基本状态的影响，为了进一步验证中尺度涡的作用，Foussard 等（2018）采用理想大气模式研究了中尺度海洋涡旋对风暴轴的影响，结果表明当有海洋涡旋活动时，风暴轴和对流层涡旋驱动的急流位置均显著向北移动。Sun 等（2018）则通过在 PDO 型海温异常场上叠加小尺度随机扰动的数值试验，进一步证明中纬度地区海洋中尺度涡具有不可忽略的作用。Jia 等（2019）考虑了海气之间双向的热力反馈作用，采用大气环流模式和混合层海洋模式进行耦合试验，他们的结果也显示中尺度海温可以显著影响风暴轴的强度。

然而，这些研究都强调了中尺度海温对风暴轴模拟的重要作用，但对于中尺度海温通过何种途径影响大气的气候态还缺乏统一的认识。本章采用高分辨率全球大气模式进一步分析北太平洋风暴轴对中尺度海温的响应特征，并利用模式结果揭示中尺度海温影响风暴轴的热力和动力过程。

8.1　模式和模拟方案设计

本章采用 NCAR 开发的第 4 代全球大气环流模式（Community Atmosphere Model version 4，CAM4），模式采用有限体积动力框架，在深对流、极区云量和辐射的模拟计算以及计算可扩展性方面都有较好的表现（Neale et al.，2013）。

　　海温边界条件采用一个高分辨率耦合模式逐日输出的结果（Lin et al.，2019b），该耦合模式中海洋分量模式为 LICOM2，大气、海冰和陆面分量模式分别采用 CAM4、CICE4 和 CLM4。其中，CAM4 的水平分辨率选用 0.23°×0.31°，约为 25km，垂直方向上为 26 层；海洋及海冰模式水平分辨率均为 0.1°×0.1°，其输出的海温分辨率约为 10km。与观测资料相比，该海温资料能够很好地识别出海洋中尺度涡。模式采用现代气候外强迫场（F2000），积分 6 年，海温边界条件 24h 更新一次，其他物理参数化方案均采用默认值。

　　为了研究中尺度海温的影响，设计了一组对照试验。在控制性试验（CAM-CTRL）中采用原始的海温场（图 8.1a）作为下边界条件，而在敏感性试验（CAM-MSFR）中则采用空间低通滤波后的海温场（图 8.1b）。此处采用 Zhang 等（2019）的空间 Boxcar（5°×5°）滤波器，去除了波长小于 500km 的中尺度海温（图 8.1d）。可见，相比于 CAM-CTRL 试验，CAM-MSFR 试验中海温等值线更加平滑。另外，从图 8.1b 中冬季海温平均值的差异可以看出，北太平洋中尺度海温主要存在于黑潮-亲潮交汇区域（Kuroshio and Oyashio confluence region，KOCR）。

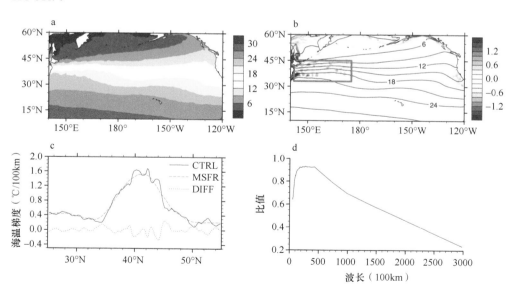

图 8.1　CAM-CTRL 试验中冬季平均的海温分布（单位：℃）（a）；　CAM-MSFR 试验中冬季平均海温（等值线，单位：℃）和两个试验中冬季平均海温的差值分布（填色，单位：℃）（b）；145°E～180°纬向平均的海温经向梯度（DIFF 表示 CAM-CTRL 试验和 CAM-MSFR 试验的差值）（c）；　CAM-CTRL 试验中 KE 附近区域（35°N～45°N，145°E～180°）中尺度海温的波谱与原始海温波谱的比值（d）

事实上，KOCR 区域不仅有大量中尺度海洋涡旋，还由于暖的黑潮和冷的亲潮交汇产生了显著的海温经向梯度（Yasuda，2003），形成了 SAFZ（Taguchi et al.，2009；Yao et al.，2018b）。研究表明，海洋锋的经向移动会对大气环流产生显著的影响，进而改变风暴轴的强度和位置（Frankignoul et al.，2011；Kuwano-Yoshida and Minobe，2017；Yao et al.，2019）。图 8.1c 给出了纬向平均（145°E～180°）的海温经向梯度，可以看出，CAM-CTRL 试验和 CAM-MSFR 试验中海洋锋的轴线都大致位于 41°N，最大值分别为 1.68℃/100km 和 1.52℃/100km。若以 KOCR 区域内平均的海温经向梯度表示海洋锋的强度，那么 CAM-MSFR 中海洋锋的强度相比于 CAM-CTRL 试验仅仅减弱了 4%，这说明两个试验在 KOCR 区域内的海温差异并不是主要由海洋锋的变化所引起。

本章中风暴轴采用天气尺度经向热通量（$v'T'$）、天气尺度比湿通量（$v'q'$）以及天气尺度经向风方差（$v'v'$）等表征，研究的时间段选为秋冬季节（当年 10 月至次年 2 月）。

考虑到热带海洋对中纬度大气的影响（Alexander et al.，2002；Seager et al.，2010），采用线性回归的方法去除了 ENSO 信号的影响。由于模式中的时间与真实的时间并不存在对应关系，因此本章中 ENSO 信号不能采用 Nino3.4 指数，而是以赤道太平洋（12.5°S～12.5°N）月平均海温距平 EOF 分解第一模态的时间系数（T1）表示。另外，参考 Frankignoul 等（2011）和 Révelard 等（2016）的研究工作，本章假定中纬度大气滞后热带海温变化 2 个月。

8.2 北太平洋风暴轴的响应特征

8.2.1 风暴轴响应的水平结构

为了研究风暴轴对中尺度海温的响应，首先比较分析两个试验中北太平洋冬季平均风暴轴的差异，此处将差异定义为 CAM-MSFR 试验的结果减去 CAM-CTRL 试验的结果。图 8.2 给出了 850hPa 天气尺度经向热通量、850hPa 天气尺度经向比湿通量以及 300hPa 天气尺度经向风方差的差值场。去除中尺度海温后，850hPa 天气尺度经向热通量的差异主要表现为在风暴轴平均位置上出现显著负异常，并向东北方向延伸至阿拉斯加湾，该负异常的中心位置与风暴轴冬季平均的中心位置相对应（图 8.2a），其极小值为–1.87K·m/s，与 CAM-CTRL 试验中去除 ENSO 影响后的风暴轴极大值（6.06K·m/s）相比，大约减弱了 31%。此外，差值场有两个显著的正异常中心，一个位于北太平洋东部风暴轴平均位置的下游，另一个则出现在风暴轴平均位置的西北方向，即鄂霍次克海至白令海一带。位于北太平洋东部的正异常中心值为 1.55K·m/s，相比于去除 ENSO 影响后的风暴轴极大值大约增强了 26%。天气尺度经向比湿通量的差异与天气尺度经向热通量类似，去除中尺度海温后，在日本至阿拉斯加湾一带显著减弱，而在下游北太平洋东部以及堪察加半岛附近显著增强（图 8.2b）。在对流层上层（300hPa），天气尺度经向风方差在两个试验中的差异也大致和大气低层天气尺度经向热通量一致，表现为在其平均位置上显著减弱，与此同时北侧出现弱的显著正异常区（图 8.2c）。

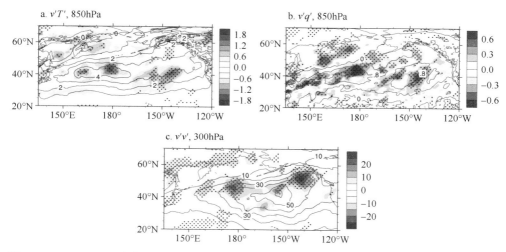

图 8.2　CAM-MSFR 试验和 CAM-CTRL 试验中冬季平均的 850hPa 天气尺度经向热通量（单位：K·m/s）（a）、850hPa 天气尺度经向比湿通量（单位：10^{-3}m/s·kg/kg）（b）和 300hPa 天气尺度经向风方差（单位：m²/s²）（c）

等值线表示 CAM-CTRL 试验中冬季平均结果，填色表示 CAM-MSFR 试验和 CAM-CTRL 试验的差值。打点区域表示通过 90%置信度的 Bootstrap 检验

8.2.2　风暴轴响应的垂直结构

图 8.3a 中等值线为 CAM-CTRL 试验中冬季北太平洋西部（145°E～180°）纬向平均的天气尺度经向热通量。可以看出，风暴轴从低层到高层向北倾斜，该结果同 Booth 等（2010）和 Ma 等（2017）的结果一致。图 8.3a 中填色表示 CAM-MSFR 试验同 CAM-CTRL 试验的天气尺度经向热通量差值，从低层至高层主要有两个异常中心，分别位于 850hPa 和 300hPa 附近。在大气低层（850hPa 以下）KOCR 区域内，CAM-MSFR 试验中天气尺度经向热通量与 CAM-CTRL 试验中的最大值相比大约减弱了 17%，这表明中尺度海温可以显著影响风暴轴的强度，并且在 500hPa 以上显著的负异常中心也表明中尺度海温对自由大气产生了很大影响。

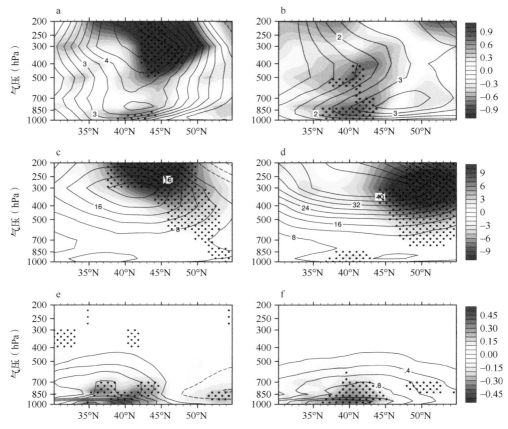

图 8.3 北太平洋西部（145°E～180°）（a、c、e）和北太平洋东部（160°W～130°W）（b、d、f）
纬向平均的风暴轴表征量差异的垂直剖面图

a 和 b 中填色为天气尺度经向热通量（$v'T'$）的差异（单位：K·m/s），等值线表示 CAM-CTRL 试验中冬季平均的
结果，间隔为 0.5K·m/s；c 同 a、d 同 b，但为天气尺度经向风方差（$v'v'$）的差异（单位：m²/s²，等值线间隔为 4m²/s²）；
e 同 a、f 同 b，但为天气尺度经向比湿通量（$v'q'$）的差异（单位：kg/kg，等值线间隔为 2×10^{-4}kg/kg）；
打点区域表示通过 90%置信度的 Bootstrap 检验

  图 8.3c 给出了天气尺度经向风方差的结果。相比于 CAM-CTRL 试验，天气尺度经向风方差在对流层上层出现了显著的负异常，对流层低层的负异常相对较弱且不显著，这与天气尺度经向风方差气候平均值的位置一致，其最大值出现在对流层上层。图 8.3e 为天气尺度经向比湿通量的结果。在去除了中尺度海温之后，700hPa 以下天气尺度经向比湿通量在 KOCR 区域内减弱了大约 24%。另外也可以看出，天气尺度经向比湿通量的气候平均值和差异的大值区域主要分布在对流层下层，这说明对于中尺度海温的响应，低层水汽通量的作用可能更加显著，而在对流层高层则是涡旋动量通量更加敏感。

  此外，KOCR 区域的中尺度海温对下游地区的风暴轴也有显著影响，与之不同的是，天气尺度经向热通量的响应在北太平洋东部表现为偶极型分布，其显著正异常位于南侧，在北侧则存在一个弱的负异常（图 8.3b）。相似地，北太平洋东部天气尺度经向风方差和天气尺度经向比湿通量在对流层低层 45°N 以南也同样呈现显著的增强（图 8.3d，图 8.3f）。这些结果说明在 CAM-MSFR 试验中去除中尺度海温之后，风暴轴在下游地区会向南移动，这与 Ma 等（2017）利用区域气候模式得到的结果类似。然而，Ma 等（2017）指出，天气尺度经向风方差的响应在 KOCR 区域呈现从对流层低层到高层一致的显著减弱，而在北太平洋东部则只在对流层高层表现为向南移动，这与我们的研究结果有所不同。造成这种差异的原因可能是区域大气模式与全球大气模式采用了不同的模式物理参数化方案。另外，本章的结果同 Foussard 等（2018）的研究结果也略有不同。他们的结果显示，在理想模式中，如果存在海洋中尺度涡，风暴轴会明显地向北移动。这可能与 Foussard 等（2018）的模式海温设置有关，他们的理想试验中整个中纬度地区都存在海洋中尺度涡，而在本章的试验中，中尺度海温主要设置于北太平洋西部。

上述 CAM-MSFR 试验和 CAM-CTRL 试验的对比结果，揭示了北太平洋风暴轴对中尺度海温的响应特征，即去除中尺度海温后，风暴轴在局地区域显著减弱，并在下游北太平洋东部向南移动。

8.3　北太平洋风暴轴的响应机制分析

从 CAM-CTRL 和 CAM-MSFR 两个试验的设置可以看出，其唯一的差别为下垫面海温边界条件。海温的改变首先会影响海气边界层，然后通过边界层进入自由大气中，使风暴轴发生改变。因此，本节研究边界层的响应过程，探讨这些影响如何到达自由大气，并进一步影响风暴轴的强度及位置。

8.3.1　边界层响应过程

图 8.4a 给出了冬季纬向（140°E～180°）平均的表面湍流热通量和降水分布。可以看出，湍流热通量数值大于 $200W/m^2$ 的区域主要分布在 30°N～45°N，在 36°N 附近达到最大，约为 $300W/m^2$。同时可见，湍流热通量主要由潜热通量决定，在 KOCR 区域内潜热通量占湍流热通量的 79%。降水率的峰值出现在湍流热通量最大值偏北侧，达到 9mm/d。图 8.4b 为 CAM-MSFR 试验和 CAM-CTRL 试验中湍流热通量和降水率的差异随纬度的变化。在 35°N 以北区域，湍流热通量差异为负，即去除中尺度海温后，热通量减小，并且两者的差异呈现出了中尺度扰动的特征。相比于 CAM-CTRL 试验，CAM-MSFR 试验中 KOCR 区域内感热通量和潜热通量减少了约 5%，同时在 35°N～43°N 降水率也减小，CAM-MSFR 试验和

CAM-CTRL 试验中降水率的差值最小值可达−0.6mm/d，约占 CAM-CTRL 试验中降水峰值的 7%。从这些结果可以看到，中尺度海温对大气边界层产生了显著的影响，可以推测由于去除了中尺度海温，CAM-MSFR 试验中的对流活动受到了抑制，从而使得降水减少。

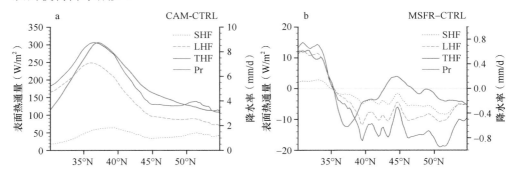

图 8.4　CAM-CTRL 试验中冬季纬向（140°E～180°）平均的表面湍流热通量和降水率随纬度的变化（a）；CAM-MSFR 试验和 CAM-CTRL 试验中表面湍流热通量和降水率的差异（b）

THF-表面湍流热通量；SHF-感热通量；LHF-潜热通量；Pr-降水率

　　为了进一步研究边界层中的中尺度响应过程，图 8.5 给出了 CAM-CTRL 试验和 CAM-MSFR 试验高通滤波的中尺度湍流热通量以及边界层高度。可以看出，CAM-CTRL 试验高通滤波后的湍流热通量和中尺度海温呈现紧密的联系，两者的空间分布非常相似，在 KOCR 区域内空间相关系数达到了 0.79（图 8.5a）。与之相对应，由于 CAM-MSFR 试验中去除了中尺度海温，因此滤波后的湍流热通量场并没有中尺度结构（图 8.5b），也就是说，只有中小尺度的海温分布才可以强迫出小尺度的湍流热通量。另外，还可以看到，大气对暖的中尺度海温的响应强于冷的中尺度海温，导致中尺度湍流热通量场上存在更强的正异常（图 8.5a）。Liu 等（2018）指出，海洋暖涡和冷涡的影响是非对称的，大气对于暖涡的响应远远强于冷涡。Foussard 等（2019）的结果也表明，海洋中尺度涡导致的海温异常可以产生净的向上的热通量，从而加热大气。伴随着湍流热通量异常，中尺度边界层高度也呈现出与中尺度海温相应的分布特征。从图 8.5c 可以看出，CAM-CTRL 试验中，中尺度海温与边界层高度之间有紧密的联系，两者在 KOCR 区域内空间相关系数达到 0.69。然而在 CAM-MSFR 试验中，空间相关系数仅为 0.32，且在边界层高度场中也看不到显著的中尺度结构。

　　边界层中湍流热通量的改变通过加热大气进一步改变了边界层的热力结构。图 8.6a 给出了海温经向梯度和表层大气温度梯度在两个试验中的差异（表层大气温度选用模式最底层的温度）。可以看出，去除中尺度海温后，海温经向梯度发生改变，而伴随着海温梯度的变化，表层大气温度梯度产生一致性变化，两者在（33°N～45°N，145°E～180°）区域内的空间相关系数为 0.65。

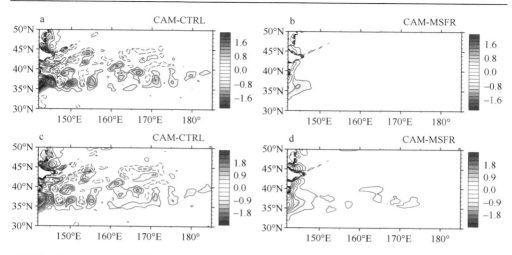

图 8.5　CAM-CTRL 试验和 CAM-MSFR 试验冬季平均的湍流热通量（等值线，单位：W/m²）（a、b）、边界层高度（等值线，单位：m）（c、d）以及中尺度海温（填色，单位：℃）（a～d）

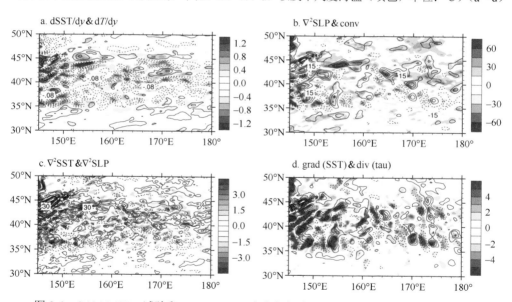

图 8.6　CAM-MSFR 试验和 CAM-CTRL 试验中冬季平均的海温经向梯度（填色，单位：℃/100km）与表层大气温度梯度（等值线，间隔为 0.05℃/100km）的差异（a）；b 同 a，但为冬季平均的 SLP 的拉普拉斯项 ∇²SLP （填色，单位：10⁻⁷Pa/m²）和表层风辐合项的差异（等值线，间隔为 1.5×10⁻⁶Pa/m²）；c 同 a，但为冬季平均的 SST 的拉普拉斯项 ∇²SST （填色，单位：10⁻¹⁰℃/m²）和 ∇²SLP 的差异（等值线，间隔为 1.5×10⁻⁶Pa/m²）；d 同 a，但为冬季平均的下风向海温梯度 grad(SST)（填色，单位：10⁻⁶℃/m）与表层风应力散度 div(tau)（等值线，间隔为 4×10⁻⁸N/m³）的差异；图中省略了零等值线

为了进一步考查去除中尺度海温对边界层产生的影响，我们研究了表层风辐合对中尺度海温的响应。根据前人的研究，目前主要有两种机制，分别为气压调整机制（pressure adjustment mechanism，PAM）（Lindzen and Nigam，1987）和垂直混合机制（Vertical mixing mechanism，VMM）（Wallace et al.，1989）。根据气压调整机制，表层风辐合项正比于海平面气压的拉普拉斯项，海平面气压的拉普拉斯项则与海温的拉普拉斯项呈负相关关系（Minobe et al.，2008；Takatama et al.，2012）。垂直混合机制则指出，由于大气不稳定产生的向下的动量输送会在海温梯度大值区加速表面风，表现为表层风应力散度与下风向海温梯度之间存在显著负相关关系（Chen et al.，2017a）。

这里的表层风辐合仍然由模式最底层水平风场计算。SLP 的拉普拉斯项与表层风辐合项的差异如图 8.6b 所示，SLP 的拉普拉斯项与 SST 的拉普拉斯项在 CAM-MSFR 试验和 CAM-CTRL 试验中的差异如图 8.6c 所示。可以看出，SST 的拉普拉斯项、SLP 的拉普拉斯项以及表层风辐合项三者的空间分布非常相似，区域（33°N～45°N，145°E～180°）SST 的拉普拉斯项与 SLP 的拉普拉斯项之间的空间相关系数为-0.38，同时表层风辐合项与 SLP 的拉普拉斯项之间的空间相关系数高达 0.69，这表明 PAM 在激发表层风辐合过程中有重要作用。

图 8.6d 给出了下风向海温梯度与表层风应力散度之间的关系。两者的分布呈现出明显的负相关关系，区域（33°N～45°N，145°E～180°）相关系数为-0.75，这说明 VMM 对表层风辐合也起到了很大作用。

从上面的分析可以归纳出边界层的响应过程。首先，中尺度海温异常会引起中尺度湍流热通量异常，向大气释放热量影响表层的大气温度，从而导致大气温度梯度异常。然后，通过静力平衡调整，海平面气压发生相应改变，强迫出表层风场的辐合辐散。同时，垂直混合作用导致动量向下传递，也同样会引起表层风场发生改变，从而激发出表层风的辐合辐散。

8.3.2　垂直运动

上一小节指出，海气边界层中热力结构的改变在表层通过 PAM 和 VMM 激发了表层风的辐合辐散，而风场的辐合辐散会进一步激发出垂直运动。图 8.7 为由表层风场辐合辐散激发的垂直运动的剖面图，为了避免采用单个纬度的局限性，这里垂直运动取 35°N～40°N 的平均值，负（正）异常表示向下（向上）的运动，其位置分布在表层辐散（辐合）的上方，靠近 146°E、152°E 和 156°E（148°E、154°E 和 159°E）。可以看出，在 CAM-MSFR 试验中去除了中尺度海温后，垂直运动被显著地抑制了。此外，强烈的负异常在 146°E 和 152°E 处能向上延伸至 700hPa，并且在 KOCR 区域激发出次级环流。

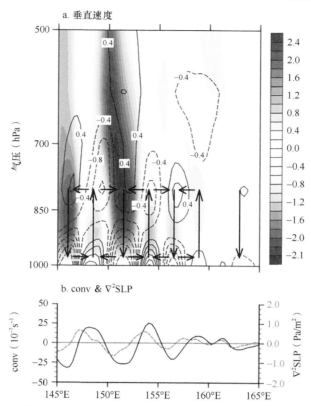

图 8.7　CAM-MSFR 试验与 CAM-CTRL 试验中冬季平均的物理量在 35°N～40°N 平均值的差异
a 图中填色为垂直速度（单位：10^{-2}Pa/s），等值线表示辐合/辐散（单位：$10^{-7}\mathrm{s}^{-1}$），黑色箭头表示由中尺度海温激发的次级环流示意图；b 图中黑色实线为表层风场的辐合/辐散，红色虚线为 SLP 的拉普拉斯项

　　图 8.8 进一步给出了 CAM-MSFR 试验和 CAM-CTRL 试验中冬季平均的垂直涡旋热通量以及垂直涡旋比湿通量在 145°E～180°纬向平均的差异。可以发现，两者在 KOCR 区域都表现为显著减小，这表明由于 CAM-MSFR 试验中对流活动

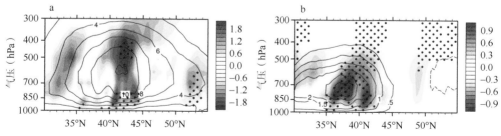

图 8.8　北太平洋西部（145°E～180°）纬向平均的涡旋通量垂直剖面差异
a 图为垂直涡旋热通量（$\omega'T'$，单位：K·Pa/s）；b 图为垂直涡旋比湿通量（$\omega'q'$，单位：Pa/s·kg/kg）；等值线表示
CAM-CTRL 试验中冬季平均的涡旋通量，等值线间隔分别为 2×10^{-2}Pa/s 和 5×10^{-6}Pa/s·kg/kg；打点区域表示通过
90%置信度的 Bootstrap 检验

减弱，热量和水汽从低层向对流层高层的输送减少。而水汽和热量的减少可能使得大气变得更加稳定，从而可以极大地抑制大气涡旋的活动，最终也会减少该区域内的降水（图8.4b），这与 Jia 等（2019）指出的海洋涡旋能增强垂直水汽通量的结果一致。

8.3.3　斜压性及斜压能量转换

许多研究表明，大气低层斜压性与风暴轴的发展密切相关（Nakamura et al., 2004，2008；Joyce et al., 2009）。本章采用最大 Eady 增长率（σ）来表征大气斜压性，计算公式参见式（2.2）。图8.9a 给出了 CAM-MSFR 试验和 CAM-CTRL 试验中 850hPa 大气斜压性的差异。可以看出，去除中尺度海温之后大气斜压性在北太平洋西北区域减弱，并在下游地区增强。对比图8.2a 发现，涡旋经向热通量的改变出现在斜压性增强和减弱的区域，这表明大气斜压性对风暴轴的调制有重要作用。

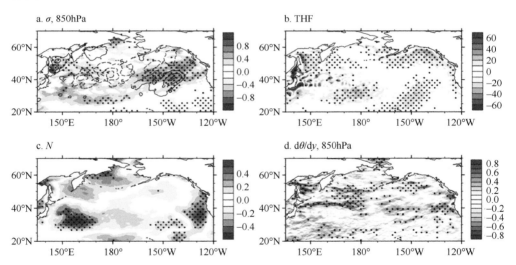

图 8.9　CAM-MSFR 试验和 CAM-CTRL 试验中冬季平均的 850hPa 大气斜压性（单位：10^{-6}/s）（a）、THF（正值表示方向向上，单位：W/m^2）（b）、大气静力稳定度 N（单位：10^{-3}/s）（c）和 850hPa 大气经向位温梯度（单位：10^{-6}K/m）（d）的差异
打点区域表示通过 90% 置信度的 Bootstrap 检验

为了进一步揭示大气斜压性变化的原因，计算了大气静力稳定度（N）和 850hPa 大气经向位温梯度（图8.9c，图8.9d）。去除中尺度海温后海洋向大气释放的热量减少（图8.9b），区域内表层大气温度降低，对流层低层的静力稳定度增强（图8.9c）。前文指出，表层风场的辐合辐散会在 KOCR 区域激发出次级环流，

且负异常显著强于正异常，这表明在 CAM-MSFR 试验中垂直运动被极大地抑制（图 8.7）。另外，去除中尺度海温后瞬变涡旋从表层向对流层输送的热量和水汽减少（图 8.8），水汽减少使得通过潜热释放的热量减少，同时考虑到垂直运动也相应减弱，从而有利于局地温度场和流场变得更加均匀，大气温度经向梯度减小（图 8.9d）。因此，静力稳定度增强和大气温度经向梯度减小的共同作用使得对流层大气斜压性在北太平洋西部减弱。

伴随着大气斜压性在北太平洋西部减弱，CAM-MSFR 试验中瞬变涡旋发展较慢，并在下游北太平洋东部区域成熟。可以推测，瞬变涡旋对大气的搅拌作用，可能会增强下游的温度梯度，导致大气斜压性在下游区域增强。Ma 等（2017）也指出，KE 区域中尺度海温可以通过瞬变涡旋的反馈作用对下游大气产生影。总之，中尺度海温首先影响表面湍流热通量，并通过影响边界层大气，激发出垂直运动异常，进而引起自由大气中热量的再分布，最终改变大气的斜压性。

另外，考虑到风暴轴活动也表现在局地能量的变化上，因此进一步计算了大气斜压能量转换，包括平均有效位能向涡旋有效位能的转换（BCEC1）和涡旋有效位能向涡动动能的转换（BCEC2），计算公式参见式（6.2）和式（6.3）。图 8.10a 和图 8.10b 分别给出了 BCEC1 和 BCEC2 在 CAM-MSFR 试验和 CAM-CTRL 试验中的差异。可见，BCEC1 显著减小的区域出现在 160°E 和 180°之间，其位置与风暴轴的负异常区域相近，这表明从平均有效位能向涡旋有效位能的转换减少。此外，BCEC1 在北太平洋东部增强，这表明该区域有更多平均有效位能向涡旋有效位能转换。BCEC1 的改变进一步有利于 BCEC2 的变化。BCEC2 的异常同样呈现出与风暴轴差异非常相似的空间结构，即在 KOCR 区域减小并且负异常向阿拉斯加湾延伸，同时 BCEC2 在北太平洋东部增强。在北太平洋区域，BCEC1 和 BCEC2 与风暴轴的空间相关系数分别为 0.47 和 0.53。根据上述结果可知，大气斜压性和斜压能量转换过程在中尺度海温影响风暴轴的过程中起到了关键作用。

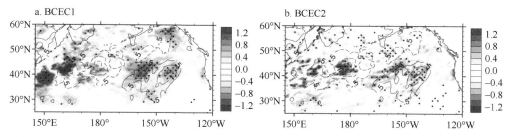

图 8.10　CAM-MSFR 试验和 CAM-CTRL 试验中 850hPa 上 BCEC1（填色，单位：W/m²）和 BCEC2（填色，单位：W/m²）的差异及 850hPa 风暴轴（$v'T'$，等值线，单位：K·m/s）的差异

打点区域表示通过 90%置信度的 Bootstrap 检验

第 9 章　高分辨率大气模式和海气耦合模式模拟风暴轴的差异及原因

第 8 章利用高分辨率大气模式比较了保留中尺度海温和去除中尺度海温的两组数值试验，发现去除中尺度海温之后，风暴轴在气候平均位置附近显著减弱，并在下游地区向南移动。然而，在全球大气模式中海气之间仅仅只有单向的反馈，即海洋通过表面热通量强迫大气，而大气并不能通过风应力将动量传递给海洋。因此，单独大气模式与海气耦合模式模拟的大气气候态会存在差异，两者模拟的风暴轴气候态也会有所不同。本章将对比高分辨率海气耦合模式和单独大气模式模拟风暴轴气候态的差异，探讨造成风暴轴气候态模拟差异的原因，揭示与中尺度海温相关的海气之间双向反馈过程在风暴轴模拟中的作用。

9.1　LASG 高分辨率海气耦合模式

9.1.1　模式简介

本章所用的高分辨率海气耦合模式由中国科学院大气物理研究所大气科学和地球流体力学数值模拟国家重点实验室研发，模式的基本框架基于 CESM1，但其中的海洋分量模式为 LICOM2，大气、海冰和陆面分量模式分别采用 CAM4、CICE4 和 CLM4（Lin et al.，2016）。其中，CAM4 的水平分辨率约为 25km，垂直方向上为 26 层；海洋及海冰模式水平分辨率均为 $0.1° \times 0.1°$。由于 LICOM2 采用经纬网格，为保证模式能够顺利积分，在 65°N 以北的高纬度地区，SST 和海表盐度均采用月平均的观测资料。

9.1.2　试验方案设计

模式采用现代气候的外强迫场（present-day，F2000）驱动。为了获取耦合模式的初值，首先采用单独 LICOM2 海洋模式（水平分辨率为 10km），积分 3 年，以第 3 年 12 月 31 日为初值，在 F2000 外强迫下进行耦合模式的积分。大气和海洋耦合的频率为 6h 一次，模式积分时间为 6 年。为了叙述方便，将上述高分辨率海气耦合模式试验记作 HCM-CTRL。

9.2　北太平洋地区海气耦合模式的模拟性能评估

9.2.1　大尺度大气环流

图 9.1 是 NCEP/NCAR 再分析资料和 HCM-CTRL 模拟的北太平洋冬季平均的海平面气压场和 500hPa 位势高度场。对比 NCEP/NCAR 再分析资料和 HCM-CTRL 模拟的阿留申低压结果（图 9.1a，图 9.1b）可以看出，耦合模式对冬季阿留申低压的模拟能力相对较好，其气候态的中心位置在 57°N、167°W 附近，与再分析资料的阿留申低压位置非常接近，但耦合模式模拟的阿留申低压中心气压值约为994hPa，强度比观测更大，范围也更大。而耦合模式模拟的 500hPa 位势高度等值线在中高纬度比再分析资料更加平直，具有更小的经向梯度特征，这表明模拟的中高纬度平均槽脊较再分析资料弱，然而耦合模式也有能够较好地模拟平均槽脊的位置（图 9.1c，图 9.1d）。

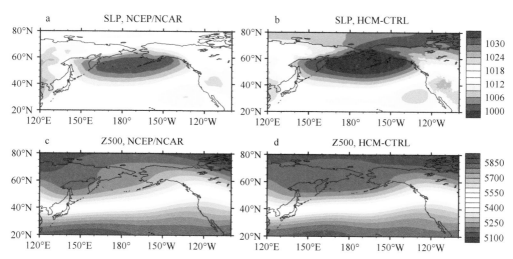

图 9.1　NCEP/NCAR 再分析资料和 HCM-CTRL 模拟的北太平洋冬季平均的海平面气压场（单位：hPa）和 500hPa 位势高度场（单位：gpm）

图 9.2 给出了 NCEP/NCAR 再分析资料和 HCM-CTRL 模拟的北太平洋冬季平均的 850hPa 纬向风场和 300hPa 纬向风场。可以看到，在对流层低层，耦合模式模拟的纬向西风偏强，位置也略偏北，对于再分析资料中西风带南北两侧的东风，在耦合模式中也有较好的体现。对流层高层 300hPa 上，耦合模式同样模拟出了日本南侧的急流核，其最大值为 52.6m/s，而 NCEP/NCAR 再分析资料中急流核最大值为 51m/s，两者强度相当，位置接近。

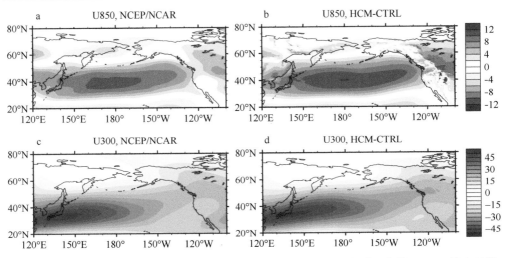

图 9.2 NCEP/NCAR 再分析资料和 HCM-CTRL 模拟的北太平洋冬季平均的 850hPa 纬向风场
（U850）和 300hPa 纬向风场（U300）（单位：m/s）

以上分析表明，本章所用的高分辨率海气耦合模式对于大气环流的气候态有较好的模拟能力。耦合模式能够较好地模拟出北太平洋冬季大尺度气候系统的位置和强度，但模式模拟的阿留申低压、中高纬的平均槽脊以及纬向西风等的强度和再分析资料相比还存在一定偏差。在对流层低层，耦合模式中的阿留申低压和纬向西风更强。而对于高空急流，耦合模式的结果和再分析资料相当。

9.2.2 表面热通量及降水

图 9.3 为 OAFlux 资料（Yu et al.，2008）和 HCM-CTRL 模拟的北太平洋冬季平均的潜热通量（LHF）、感热通量（SHF）以及湍流热通量（THF）的分布。在 OAFlux 资料中，冬季平均的表面热通量分布主要在 KE 区域，其中感热通量约占总的湍流热通量的 70%。相比于 OAFlux 资料，无论是感热通量还是潜热通量，耦合模式对其分布位置的模拟都较为准确，但模拟的强度明显偏大。在 25°N～40°N、130°E～180°区域，HCM-CTRL 模拟中湍流热通量的强度偏大约 5%。

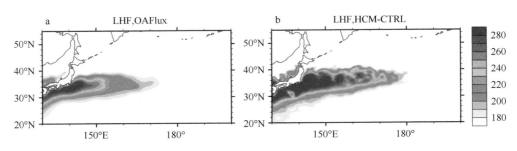

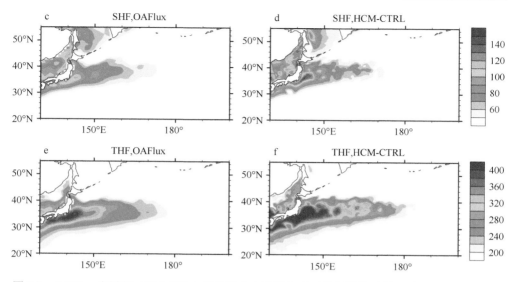

图 9.3　OAFlux 资料和 HCM-CTRL 模拟的北太平洋冬季平均的潜热通量、感热通量以及湍流热通量的分布（单位：W/m²）

　　TRMM-3B42 反演资料和 HCM-CTRL 模拟的北太平洋冬季平均的降水率分布如图 9.4 所示。与逐日卫星反演资料 TRMM-3B42 进行对比可以发现，耦合模式模拟出的降水率呈现出与观测相似的分布，即沿 KE 呈纬向带状分布。但耦合模式中平均降水率的最大值为 9.9mm/d，而 TRMM-3B42 反演资料为 7.9mm/d，耦合模式模拟结果偏强约 25%。

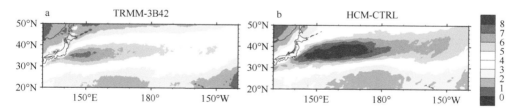

图9.4　TRMM-3B42反演资料和HCM-CTRL模拟的北太平洋冬季平均的降水率分布（单位：mm/d）

9.2.3　北太平洋风暴轴

　　本章中风暴轴的表征量采用 850hPa 天气尺度经向热通量（$v'T'$）、850hPa 天气尺度经向比湿通量（$v'q'$）以及 300hPa 天气尺度经向风方差（$v'v'$）。图 9.5 给出了 NCEP/NCAR 再分析资料和 HCM-CTRL 模拟的北太平洋冬季平均的风暴轴表征量。对于 850hPa 天气尺度经向热通量来说，耦合模式可以模拟出其主要的分布形态，其最大值出现在 KOCR 区域内 40°N、165°E，量值为 11.65K·m/s（图 9.5b），而 NCEP/NCAR 再分析资料中最大值为 13.85K·m/s（图 9.5a）。此外，NCEP/NCAR 再分析资料中北太平洋冬季平均的天气尺度经向比湿通量最大值约为 5.91m/s·kg/kg，位于 37.5°N、160°E 附近（图 9.5c），而耦合模式模拟的最大值位于 37°N、165°E 附近，约为 3.91m/s·kg/kg（图 9.5d），比再分析资料小。耦合模式模拟的 300hPa 风暴轴强度也偏弱，天气尺度经向风方差的最大值约为 150.26m^2/s^2，而再分析资料中其值约为 174.57m^2/s^2。对于北太平洋冬季平均的天气尺度经向风方差的位置来说，再分析资料中位于北太平洋东部 45°N、160°W 附近，模式的模拟结果更偏西。

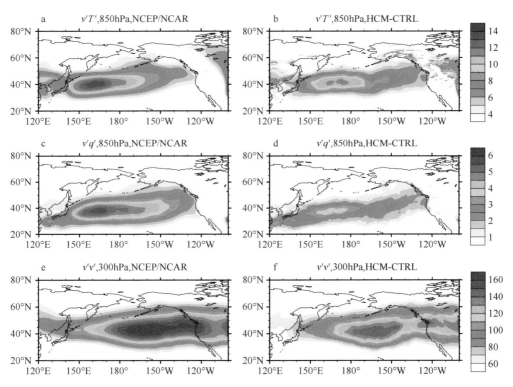

图 9.5　NCEP/NCAR 再分析资料和 HCM-CTRL 模拟的北太平洋冬季平均的风暴轴表征量

a 图和 b 图为 850hPa 天气尺度经向热通量（$v'T'$，单位：K·m/s）；c 图和 d 图为 850hPa 天气尺度经向比湿通量（$v'q'$，单位：m/s·kg/kg）；e 图和 f 图为 300hPa 天气尺度经向风方差（$v'v'$，单位：m^2/s^2）

9.3　大气模式与海气耦合模式模拟风暴轴的差异

总体而言，相比于再分析资料，耦合模式对风暴轴总体空间形态有较好的模拟能力，能够模拟出风暴轴在北太平洋上的纬向带状分布结构，但模拟的风暴轴强度在对流层整层都较弱，且模拟的对流层低层风暴轴大值中心位置比高层更接近观测位置。

从之前的对比分析中可以发现，高分辨率海气耦合模式和单独大气模式都能够较为准确地模拟出大尺度大气环流，对风暴轴也有较好的模拟能力。在第 9 章的试验（CAM-CTRL）中，采用了耦合模式试验（HCM-CTRL）输出的海温，这样的设置保证了高分辨率海气耦合模式和单独大气模式的海温下边界条件一致，两者的差异仅仅体现在模式是否耦合上。为了进一步考查单独大气模式和耦合海气模式与中尺度海温相关的耦合作用对风暴轴模拟的影响，本章对 CAM-CTRL 和 HCM-CTRL 模拟的冬季平均风暴轴进行了对比分析，两者差异定义为 CAM-CTRL 试验的平均值减去 HCM-CTRL 试验的平均值。

图 9.6a 和图 9.6b 分别给出了 CAM-CTRL 及 HCM-CTRL 模拟的北太平洋冬季平均的 850hPa 天气尺度经向热通量。可以看出，两个试验所得到的冬季平均的天气尺度经向热通量具有非常相似的空间分布，即在中纬度地区呈纬向带状分布，最大值都出现在 KOCR 附近，这说明风暴轴与下垫面海温之间有显著的相关性。然而两个试验中天气尺度经向热通量的差异也非常显著，呈现出南负北正的偶极型分布特征（图 9.6c），其南北异常大致以其冬季平均的大值中心所在纬度（40°N）为界，并且北侧正异常范围更大更强。这表明相比于耦合模式，单独大气模式模拟的风暴轴在 40°N 以北偏强。

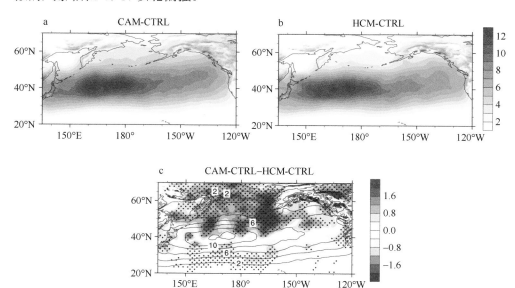

图 9.6　CAM-CTRL 和 HCM-CTRL 模拟的北太平洋冬季平均的 850hPa 天气尺度经向热通量及其差异（填色，单位：K·m/s）以及 HCM-CTRL 模拟的平均值（等值线，间隔为 2K·m/s）
打点区域表示显著性通过 95% 的 t 检验

图 9.7 为 CAM-CTRL 和 HCM-CTRL 模拟的北太平洋冬季平均的风暴轴表征

量（850hPa 天气尺度经向比湿通量、850hPa 天气尺度经向风方差和 300hPa 天气尺度经向风方差）差异分布及 HCM-CTRL 模拟的平均值。尽管表征风暴轴的物理量不同，但仍然可以看出 CAM-CTRL 和 HCM-CTRL 模拟的风暴轴差异都表现为南负北正的偶极型结构，而且对流层高层和低层的结果类似。上述结果进一步表明，单独大气模式模拟的风暴轴相对于耦合模式来说，在 40°N 以北偏强，并且该特征对风暴轴的各种表征量都适用。

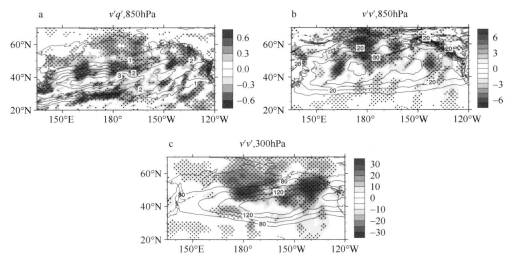

图 9.7　CAM-CTRL 和 HCM-CTRL 模拟的北太平洋冬季平均的风暴轴表征量差异分布（填色）以及 HCM-CTRL 模拟的平均值（等值线）

a. 850hPa 天气尺度经向比湿通量（单位：10^{-3}m/s·kg/kg，等值线间隔为 5×10^{-4}m/s·kg/kg；b. 850hPa 天气尺度经向风方差（单位：m^2/s^2，等值线间隔为 $5m^2/s^2$）；c. 300hPa 天气尺度经向风方差（单位：m^2/s^2，等值线间隔为 $10m^2/s^2$）；打点区域表示显著性通过 95%的 t 检验

9.4　大气模式与海气耦合模式模拟风暴轴差异的原因

从上一节的分析可知，大气模式和海气耦合模式中风暴轴呈现出显著的差异，本节从大尺度大气环流、大气边界层中的中尺度海气相互作用过程以及斜压能量转换过程等方面研究大气模式和海气耦合模式模拟风暴轴存在差异的原因，探讨中尺度海温在模拟结果差异形成中的作用机制。

9.4.1　大尺度大气环流的差异

图 9.8 给出了 HCM-CTRL 模拟的北太平洋冬季平均的 SLP 和 500hPa 位势高度场以及 CAM-CTRL 和 HCM-CTRL 模拟结果的差异。可见，SLP 的差异在亚洲大陆东北部表现为显著的负异常，而在北美地区则呈现显著的正异常，此外，夏

威夷岛以东地区也存在较弱的显著负异常。与地面 SLP 的异常相对应，500hPa 位势高度场也呈现出较一致的异常分布，但与低层气压差异分布不同之处在于 500hPa 上位势高度异常中心向西倾斜，并且在夏威夷岛附近的负异常范围更大，在北太平洋东部呈现出显著的南负北正偶极型分布。总体而言，两个试验中大尺度的气压及位势高度异常呈现出相当正压结构。

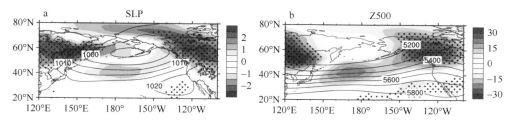

图 9.8　HCM-CTRL 模拟的北太平洋冬季平均的 SLP（等值线，单位：hPa）和 500hPa 位势高度场（等值线，单位：gpm）以及 CAM-CTRL 和 HCM-CTRL 模拟结果的差异（填色）

打点区域表示显著性通过 95% 的 t 检验

大尺度的纬向风场差异也呈现出相当正压结构，如图 9.9 所示。可以看出，在 850hPa 和 300hPa 上，北太平洋区域纬向风在 45°N～55°N 纬度带呈现显著正异常，而在副热带急流中心南侧（40°N 以南）则为负异常。此外，纬向风场的正异常主要出现在急流核北侧偏西的位置，而负异常则在急流中心南侧向急流中心下游延伸至北美大陆上，这表明 CAM-CTRL 试验中急流轴位置偏北并在下游减弱。事实上，分布在高空、低空急流轴南北两侧的纬向风异常与北太平洋中部气压及位势高度的异常分布（图 9.8）有关。根据地转平衡原理，由于在北太平洋中部存在反气旋式异常，其南侧纬向风速减弱，而北侧纬向风速增强，这与图 9.9 的结果一致。

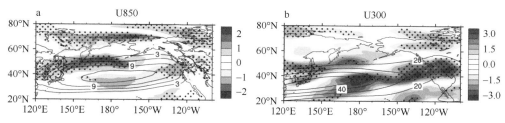

图 9.9　HCM-CTRL 模拟的冬季平均的 850hPa 纬向风场（U850）和 300hPa 纬向风场（U300）（等值线，单位：m/s）以及 CAM-CTRL 和 HCM-CTRL 模拟结果的差异（填色）

打点区域表示显著性通过 95% 的 t 检验

9.4.2　大气边界层中的差异

单独大气模式中海洋通过表面热通量强迫大气，大气的反馈并不会再强迫海洋，但是在耦合模式中，大气可以通过风应力等向海洋输送动量，从而引起海洋的变化。尽管 CAM-CTRL 试验采用了 HCM-CTRL 试验输出的逐日海温作为下边界条件，但 HCM-CTRL 试验中海温是大气和海洋相互作用平衡的结果，因此，两个试验的海气通量仍然存在差异。图 9.10 给出了两个试验模拟的冬季平均的表面感热通量（SHF）、潜热通量（LHF）以及湍流热通量（THF）的差值场。可以看出，湍流热通量的差值在其平均位置上呈现显著的负异常，相比于 HCM-CTRL 试验的平均值，CAM-CTRL 试验的平均湍流热通量大约减弱了 10%。另外，还可以看到湍流热通量的差异主要来自潜热通量，在区域 30°N～45°N、145°E～180°估算出的潜热通量的差异占总表面湍流热通量差异的 75% 左右。

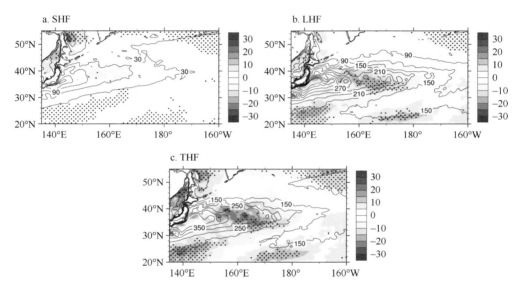

图 9.10　CAM-CTRL 和 HCM-CTRL 模拟的北太平洋冬季平均的表面感热通量差值场（填色）、潜热通量差值场（填色）和湍流热通量差值场（填色）以及 HCM-CTRL 模拟的平均值（等值线）（单位：W/m²）

打点区域表示显著性通过 95% 的 t 检验

　　图 9.11 给出了 CAM-CTRL 和 HCM-CTRL 模拟的北太平洋冬季平均的降水率差异。可以看出，降水率的差值主要表现为 KE 下游地区至北美沿岸的显著负异常，而在副热带北太平洋中部和东部地区降水率的差值呈现显著正异常，这表明相比于海气耦合模式，单独大气模式模拟的降水率在其平均位置上沿着 KE 及其下游区域减小（大约 11%），而在主降水带平均位置的南北两侧降水显著增强，此外，在日本南部和东部附近海区降水也有显著增强。同表面热通量的差异相比，可以发现在 KE 及其下游区域两者有较好的一致性，都表现为显著的负异常，这表明单独大气模式模拟的向上的潜热通量减少伴随着降水的减弱，而降水的减弱也表明通过水汽相变过程产生的潜热释放减弱。

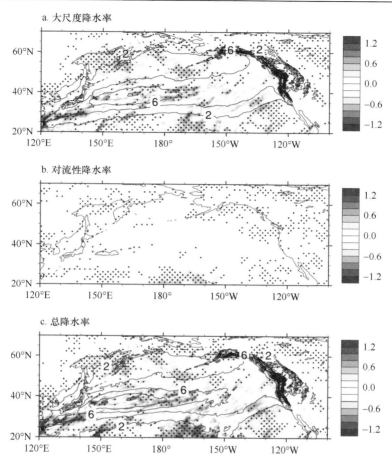

图 9.11　CAM-CTRL 和 HCM-CTRL 模拟的北太平洋冬季平均的大尺度降水率差值场（填色）、对流性降水率差值场（填色）和总降水率差值场（填色）以及 HCM-CTRL 模拟的平均值（等值线）（单位：mm/d）

总降水率等于对流性降水率与大尺度降水率之和；打点区域表示显著性通过 95%的 t 检验

9.4.3　高分辨海温对边界层的影响

根据本章中的试验设置可知，在 CAM-CTRL 试验和 HCM-CTRL 试验中海温相同，那么通过空间高通 Boxcar 滤波器得到的中尺度海温也相同。然而，由于两个试验的耦合过程不同，同样的中尺度海温对大气边界层产生的影响也就有可能不同。因此，我们考查了中尺度海温与空间高通滤波的表面湍流热通量、边界层高度、表面风速之间的关系，如图 9.12 和图 9.13 所示。可以看出，无论是在 HCM-CTRL 试验还是在 CAM-CTRL 试验中，中尺度海温与中尺度表面风速、中尺度表面湍流热通量之间都有一致的空间分布，但耦合强度不同。在 HCM-CTRL

试验中，35°N～45°N、145°E～180°区域中尺度表面风速与中尺度海温的空间相关系数为 0.55（图 9.12a），中尺度表面风速对中尺度海温的回归系数为 0.17K·m/s（图 9.12b），但在 CAM-CTRL 试验中，同样区域内相应的相关系数为 0.41（图 9.13a），回归系数为 0.15K·m/s（图 9.13b）。此外，对于中尺度表面湍流热通量来说，在 CAM-CTRL 试验和 HCM-CTRL 试验中其与中尺度海温的相关系数分别为 0.92 和 0.94，对中尺度海温的回归系数分别为 41.12W/℃和 41.18W/℃，耦合模式中两者的相关性略强于单独大气模式。上述分析表明，耦合模式的中尺度海温与中尺度表面湍流热通量和中尺度表面风速之间的关联度更大，海洋对大气的影响也更大。另外，由于 CAM-CTRL 试验中的海温来自 HCM-CTRL 试验，因此海洋对于表面热通量的影响差异较小，而对于风速的影响比较大。

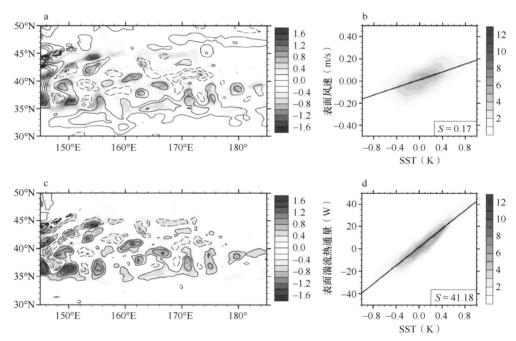

图 9.12　HCM-CTRL 试验中北太平洋冬季平均的高通滤波的表面风速（等值线，间隔为 0.08m/s）（a）、表面风速密度（b）、表面湍流热通量（等值线，间隔为 10W/℃）（c）和表面湍流热通量密度（d）

a 图和 c 图中填色表示中尺度海温，省略了零等值线

图 9.14 为 CAM-CTRL 和 HCM-CTRL 模拟的北太平洋冬季平均的中尺度海温以及高通滤波的边界层高度。可以看出，高通滤波后的边界层高度与中尺度海温之间也有很好的相关性，在 35°N～45°N、145°E～180°区域，两者的相关系数在 CAM-CTRL 试验和 HCM-CTRL 试验中分别为 0.88 和 0.90，即耦合模式中的边界层高度与中尺度海温之间的关联度更大。

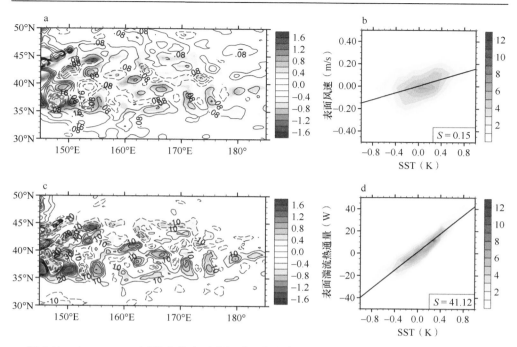

图 9.13　CAM-CTRL 试验中北太平洋冬季平均的高通滤波的表面风速（等值线，间隔为 0.08m/s）（a）、表面风速密度（b）、表面湍流热通量（等值线，间隔 10W/℃）（c）和表面湍流热通量密度（d）

a 图和 c 图填色表示中尺度海温，省略了零等值线

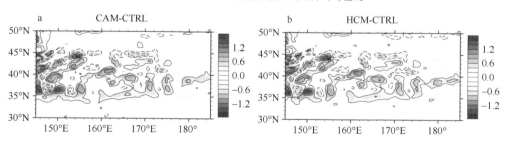

图 9.14　CAM-CTRL 和 HCM-CTRL 模拟的北太平洋冬季平均的中尺度海温（填色，单位：℃）以及高通滤波的边界层高度（等值线，间隔为 10m）

省略了零等值线

9.4.4　海气耦合作用对垂直通量的影响

从上一小节的分析中可以发现，尽管 CAM-CTRL 试验中采用了 HCM-CTRL 试验输出的海温作为下边界条件，但由于单独大气模式只有单向的海温强迫大气，因此两个试验边界层中的相互作用在强度上存在差异。不同的耦合条件，也进一步使得边界层的热力及动力状况受到影响。图 9.15a 为 CAM-CTRL 和 HCM-CTRL 模

拟的北太平洋冬季平均的中尺度湍流热通量差值场和中尺度表层风速差值场。可见，两者在 KOCR 区域呈现出较为一致的空间分布特征，35°N～45°N、145°E～180°区域的空间相关系数为 0.70，这表明在向上的湍流热通量增加的地方表面风速增强，即由于耦合和非耦合的差异，尽管采用了耦合模式输出的海温，但大气受到的强迫作用在单独大气模式中仍然与耦合模式存在差异，这种差异造成了湍流热通量的差异，从而影响表面风速。图 9.15b 则给出了 CAM-CTRL 和 HCM-CTRL 模拟的北太平洋冬季平均的 ∇^2SLP 差值场和表层风辐合的差值场。表层风辐合可以由 PAM（Lindzen and Nigam，1987）和 VMM（Wallace et al.，1989）解释。根据 PAM，在气压梯度力大值区域，表面风受到加速作用，具体表现为气压的拉普拉斯项与表层风辐合项之间存在正相关关系。可以看出，风场辐合呈现出中尺度的结构特征，其与 ∇^2SLP 之间存在显著的空间相关关系，在 35°N～45°N、150°E～180°区域两者的空间相关系数为 0.72，这表明 PAM 在表层风辐合项的差异中发挥了较大作用。此外，根据 VMM，表层风应力的散度与下风向海温梯度之间位相相反。为了进一步考查 VMM 的作用，图 9.15c 给出了下风向海温梯度及表层风应力散度在 CAM-CTRL 和 HCM-CTRL 试验中的差异。可以看出，两者在空间分布上同样存在较好的对应关系，空间相关系数在 35°N～45°N、150°E～180°区域为−0.48。因此，可以认为在该过程中 PAM 起到了主要作用，同时 VMM 也有一定的贡献。

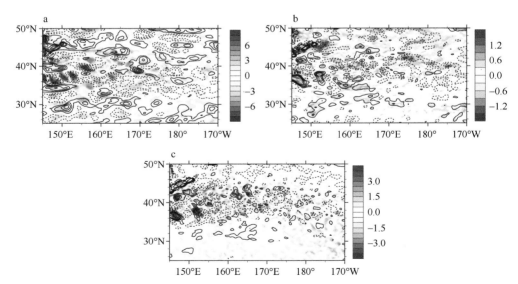

图 9.15　CAM-CTRL 和 HCM-CTRL 模拟的北太平洋冬季平均的中尺度湍流热通量差值场（填色，单位：W/m²）和中尺度表层风速差值场（等值线，间隔为0.05m/s）（a）；∇^2SLP 差值场（填色，单位：10⁻⁹Pa/m²）和表层风辐合的差值场（等值线，间隔为8×10⁻⁷/s）（b）；下风向的海温梯度差值场（填色，单位：10⁻⁶m/℃）和表层风应力散度差值场（等值线，间隔为3×10⁻⁸N/m³）（c）

省略了零等值线

　　表层风辐合项的差异也会对垂直运动产生影响。然而，天气尺度的垂直速度相对于未滤波的垂直速度而言属于小扰动项，经过冬季平均后，正、负天气尺度垂直速度会相互抵消，从而不能正确反映出该时间段内涡旋垂直速度的差异。因此，这里计算了天气尺度垂直速度方差（$\omega'\omega'$），以此来表征由于辐合项激发出的天气尺度垂直速度的变化，如图 9.16 所示。在 165°E 处，同样可以发现表层风辐合与 ∇^2SLP 的经向廓线之间存在一致的变化特征，在 25°N～55°N 区域，相关系数可以达到 0.79。此外，可以清楚地看到在表层风辐合的上方，涡旋垂直速度方差为正（43°N 附近），而在表层风辐散的上方，涡旋垂直速度方差则呈现显著的负异常（35°N～40°N）。这表明在 CAM-CTRL 试验中，由于表层风辐合与 HCM-CTRL 试验存在差异，对流层中大气天气尺度垂直速度显著改变，在 40°N

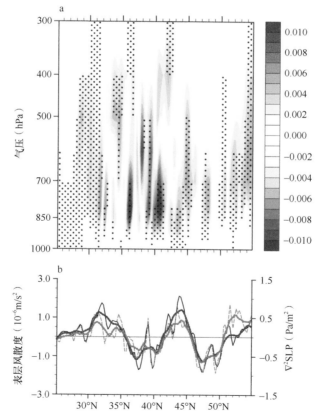

图 9.16　CAM-CTRL 和 HCM-CTRL 模拟的北太平洋冬季平均的天气尺度垂直速度方差差值场（单位：Pa^2/s^2）沿 165°E 的垂直剖面图（a）；沿 165°E 的表层风散度（黑色实线，单位：$10^{-6}m/s^2$）和 ∇^2SLP（红色虚线，单位：$10^{-9}Pa/m^2$）随纬度的变化（b），蓝色和洋红色点线分别表示表层风散度与 ∇^2SLP 的 9 点滑动平均值
打点区域表示显著性通过 95%的 t 检验

以北区域垂直速度增大，而在 40°N 以南区域垂直速度显著减小。这与两个试验
中风暴轴的南北异常相对应，表明涡旋垂直速度的差异可能通过某种途径影响风
暴轴的强度及位置变化。

图 9.17 给出了 CAM-CTRL 和 HCM-CTRL 模拟的北太平洋冬季平均的垂直涡
旋比湿通量（$-\omega'q'$）差值和垂直涡旋热通量（$-\omega'T'$）差值沿 165°E 的垂直剖面，
其中垂直涡旋比湿通量和热通量的方向定义为向上为正。从整体上看，两者的差
异都呈现出南负北正的偶极型分布特征，且大致以 40°N 为界，该位置也是垂直
涡旋比湿通量和热通量各自冬季平均值的大值中心。这表明相比于 HCM-CTRL
试验，CAM-CTRL 试验中垂直方向上的涡旋比湿通量和热通量在其冬季平均位置
的南侧减小，而在北侧显著增大。因此，CAM-CTRL 试验中 40°N 以南区域大气
中由涡旋向上输送的水汽减少，而在北侧涡旋向上输送的水汽增多。与此同时，
水汽通过相变过程会释放大量潜热，从而向大气提供能量。伴随着水汽的变化，
向上输送的涡旋热通量在 40°N 区域也减小，而在其北侧增大。此外，向上的涡
旋水汽及热通量差异的位置也与风暴轴差异的位置基本一致，这可能是由于通过
涡旋向上的水汽及热量输送，改变了大气中能量的分布及大气的斜压性，从而影
响了风暴轴的变化。

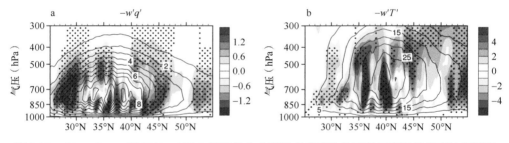

图 9.17　CAM-CTRL 和 HCM-CTRL 模拟的北太平洋冬季平均的天气尺度涡旋垂直比湿通量
（填色，单位：10^{-5}Pa/s·kg/kg）差值（a）和天气尺度涡旋垂直热通量（填色，单位：10^{-2}Pa·K/s）
差值（b）沿 165°E 的垂直剖面以及 HCM-CTRL 模拟的平均值（等值线）
打点区域表示显著性通过 95%的 t 检验

从图 9.17 还可以看到，向上的涡旋比湿通量及涡旋热通量的差异在对流层低
层 30°N～45°N 区域呈现出正、负相间的中尺度结构，且正、负中心的位置同表
层风场的辐合与辐散也存在一定的对应关系。例如，在 40°N 处存在表层风的辐
散，对应的涡旋垂直速度方差的差异为负，表明向上的涡旋垂直速度减弱，进一
步使得向上的涡旋水汽及热量输送减少，从而表现为$-\omega'q'$及$-\omega'T'$的差异图中出现
显著的负异常。因此，可以认为 CAM-CTRL 试验和 HCM-CTRL 试验在表层风辐
合存在差异可以激发出垂直速度的异常，进而影响向上的水汽及热量输送。

9.4.5 斜压性及斜压能量转换过程

为了进一步理解垂直方向上涡旋水汽及热量输送的差异如何影响风暴轴,分析了大气斜压性及斜压能量转换的作用。图 9.18a 是 CAM-CTRL 和 HCM-CTRL 模拟的北太平洋冬季平均的 850hPa 最大 Eady 增长率差值场,用以表征大气斜压性差值场,可见大气斜压性差值在北太平洋大部分区域都呈负异常,正异常主要出现在北太平洋西北部及夏威夷岛附近,这表明在北太平洋主要区域内 CAM-CTRL 模拟的大气斜压性相对较弱。另外,图 9.18a 也给出了 850hPa 天气尺度经向热通量的差值场,然而天气尺度经向热通量差值的分布与大气斜压性存在较大差别,主要在北太平洋 40°N 以北地区前者主要为正异常,而后者为负异常。大气斜压性与天气尺度经向热通量空间分布的不一致表明,单独大气模式和海气耦合模式中,与中尺度海温相关的海气耦合的差异并不能通过大气斜压性来影响风暴轴。

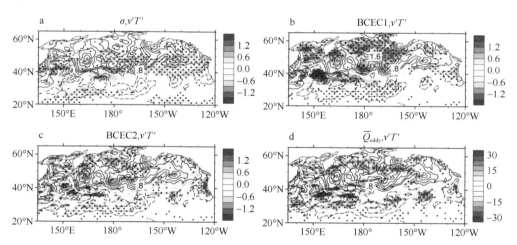

图 9.18 CAM-CTRL 和 HCM-CTRL 模拟的北太平洋冬季平均的 850hPa 最大 Eady 增长率(填色,单位:10^{-6}/s)差值场(a),850hPa 的 BCEC1(填色,单位:W/m^2)差值场(b),850hP的 BCEC2(填色,单位:W/m^2)差值场(c),涡旋非绝热加热率(填色,单位:K/d)差值场(d),以及 850hPa 天气尺度经向热通量($v'T'$)的差值场(等值线,间隔为 0.4K·m/s)(a~d)
打点区域表示显著性通过 95% 的 t 检验

然而,斜压能量诊断的结果却表明,斜压能量的转换与风暴轴异常的分布有很好的空间对应关系,如图 9.18b 和图 9.18c 所示。平均有效位能向涡旋有效位能的转换(BCEC1)和涡旋有效位能向涡动动能的转换(BCEC2)在两个试验中的差异显示,其分布与天气尺度经向热通量的差异分布非常一致,即在北太平洋地区都呈现出南负北正的分布特征。这表明 CAM-CTRL 试验中在 40°N 以南区域,平均有效位能向涡旋有效位能的转换减弱，而在北侧则增强，进一步使得涡旋有效位能向涡动动能的转换在南侧减弱，而在北侧增强，有利于风暴轴的经向位置异常。

另外，涡旋有效位能除了可以从平均流中得到，还可以通过非绝热加热作用获得。通过涡旋非绝热加热，更多的能量转换为涡旋有效位能，从而有利于风暴轴的发展。根据 Trenberth 和 Smith（2009）以及 Fang 和 Yang（2016）的研究，涡旋非绝热加热率可由如下公式计算：

$$\overline{Q}_{\text{eddy}} = -\nabla \cdot \overline{V_h' T'} - \frac{\partial \overline{\omega' T'}}{\partial p} + \frac{R}{c_p p} \overline{\omega' T'} \tag{9.1}$$

式中，$\overline{V_h}$ 为水平地转风；ω 为垂直风速；T 为大气温度；p 为气压；R 为干空气比气体常数；c_p 为干空气定压比热容；拔量代表季节平均；撇量代表相对于季节平均的偏差；$\nabla \cdot$ 代表散度算符。

图 9.18d 给出了两个试验中涡旋非绝热加热率（$\overline{Q}_{\text{eddy}}$）的差异。可以看出，涡旋非绝热加热率也在北太平洋呈现出南正北负的分布特征，40°N 以南为显著负异常，而 40°N 以北为显著正异常，并且正、负异常的位置和天气尺度经向热通量差异的分布也非常一致。这个结果说明，在 CAM-CTRL 试验中由于涡旋非绝热加热的作用，在风暴轴平均位置的北侧，更多的能量转换为涡旋有效位能，而通过斜压能量转换，涡旋有效位能进一步向涡动动能转换，从而增强了风暴轴。在南侧的情况则相反。

第10章 北太平洋风暴轴和中纬度海洋锋关系未来演变预估

　　全球变暖对气候系统的影响是当前气候变化研究领域的热点问题。由于风暴轴对中纬度天气和气候系统具有重要影响，近年来，越来越多的学者关注到未来全球变暖背景下风暴轴的变化（Yin，2005；Ulbrich et al.，2009；Zappa et al.，2013）。气候模式是进行气候模拟和气候预估的重要工具，世界气候研究计划（World Climate Research Program，WCRP）的第五次国际耦合模式比较计划（Coupled Model Intercomparison Project Phase 5，CMIP5）（Taylor et al.，2012）提供了全球多个耦合模式的模拟结果。Chang 等（2012）利用多个 CMIP5 模式的集合平均预估结果指出，在未来全球变暖背景下北半球冬季对流层高层风暴轴将向极加强并向对流层顶移动，而对流层中低层的风暴轴将有所减弱。但是，不同 CMIP5 模式对风暴轴的模拟能力有所差异，本章将比较 18 个 CMIP5 模式对北太平洋风暴轴的模拟能力，并预估未来全球变暖背景下风暴轴的可能变化。另外，由于北太平洋风暴轴与中纬度海洋锋之间存在紧密的相互作用关系，并在中纬度海气耦合过程中发挥重要作用（Fang and Yang，2016；Yao et al.，2017，2020），那么全球变暖背景下风暴轴与海洋锋之间的关系将会发生何种变化，这是本章将回答的另一个科学问题。

10.1　CMIP5 模式对北太平洋风暴轴的模拟能力评估

　　本章采用如下 18 个 CMIP5 模式：ACCESS1-3、CanESM2、CMCC-CM、CNRM-CM5、CSIRO-Mk3.6、GFDL-ESM2G、GFDL-ESM2M、HadGEM2-CC、inmcm4、IPSL-CM5A-LR、IPSL-CM5A-MR、IPSL-CM5B-LR、MIROC5、MIROC-ESM、MIROC-ESM-CHEM、MPI-ESM-LR、MRI-CGCM3、NorESM1-M。历史试验（historical 试验）是利用实际的外强迫驱动耦合模式，以工业革命前控制试验为模式初始场，从 1850 年积分至 2005 年，主要用于分析历史气候模拟，本章研究时间段为 1980～2004 年；高辐射强迫情景（RCP8.5）试验是以历史试验最后一年为初始场，到 2100 年辐射强迫达到 8.5W/m^2（Meinshausen et al.，2011），主要用于预估未来气候变化，本章研究时间段为 2075～2099 年。为了分析不同气候模式的模拟能力，本章将 1980～2004 年 NCEP/NCAR 的大气再分析资料和哈

德莱中心全球海冰和海表温度（Hadley Centre Global Sea Ice and Sea Surface Temperature，HadISST）数据集资料分别作为大气和 SST 观测场，利用双线性插值法将不同分辨率的模式输出的大气资料插值到 NCEP/NCAR 的 2.5°×2.5°的网格上，将模式输出的 SST 资料插值到 HadISST 的 1°×1°的网格上。用模式对某一变量模拟场和观测场的空间相关系数衡量模式的模拟能力，空间相关系数越大（小）代表模式对变量的模拟能力越强（弱）（Booth et al.，2017）。本章采用 2～8d 的 250hPa、500hPa 和 700hPa 经向风方差（$\overline{v'v'_{250}}$、$\overline{v'v'_{500}}$、$\overline{v'v'_{700}}$）分别表征高层、中层和低层的风暴轴。

10.1.1 冬季

图 10.1、图 10.2 和图 10.3 分别是观测和 18 个 CMIP5 模式模拟的 1980～2004 年冬季平均的 250hPa、500hPa 和 700hPa 北太平洋风暴轴，图 10.4 为 CMIP5 模式模拟的高层、中层和低层风暴轴与观测的空间相关系数。

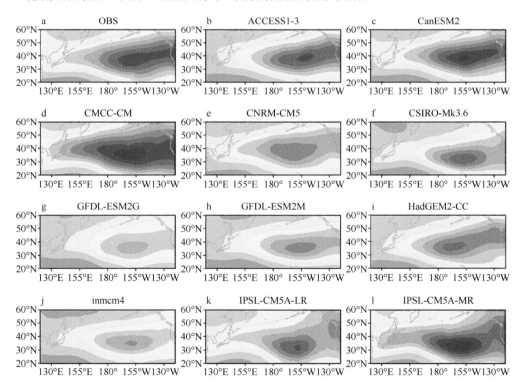

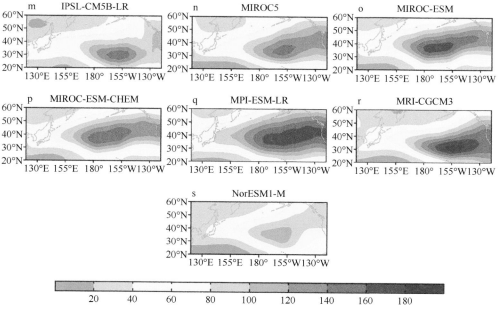

图 10.1　1980～2004 年冬季平均的 250hPa 北太平洋风暴轴（单位：m²/s²）

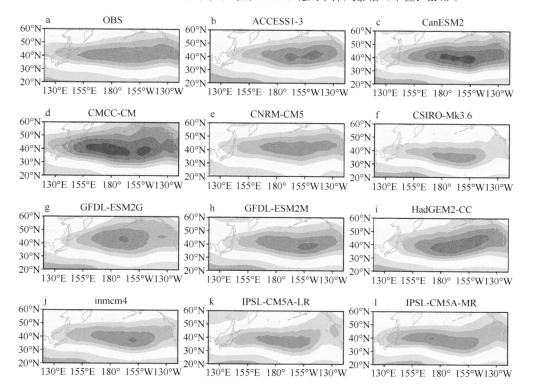

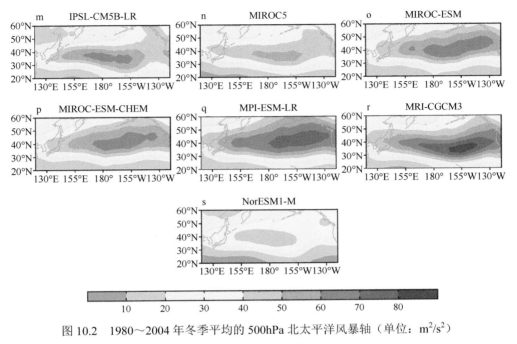

图 10.2　1980～2004 年冬季平均的 500hPa 北太平洋风暴轴（单位：m²/s²）

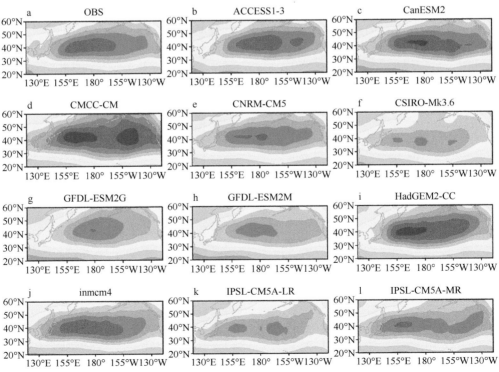

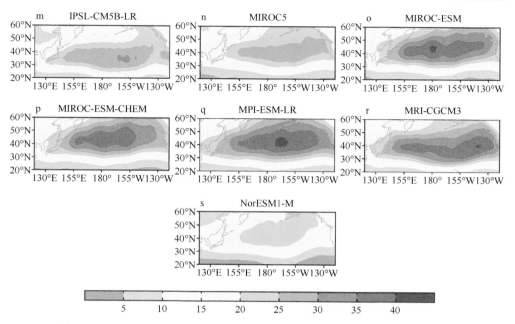

图 10.3　1980～2004 年冬季平均的 700hPa 北太平洋风暴轴（单位：m²/s²）

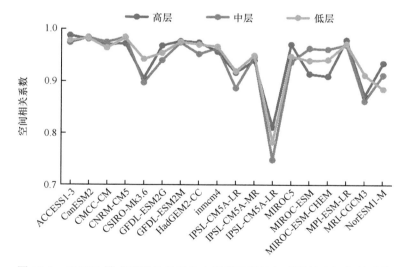

图 10.4　CMIP5 模式模拟的冬季北太平洋风暴轴与观测的空间相关系数

绝对值大于 0.057 则显著性通过 90%的 t 检验

如图 10.1 所示，高层风暴轴沿 40°N 延伸，大值中心位于北太平洋中东部，所有 18 个 CMIP5 模式都能够较好地模拟出风暴轴的空间分布，除了 IPSL-CM5B-LR 和 MRI-CGCM3 模式，其他 16 个模式与观测的空间相关系数均大于 0.9（图 10.4）。对于强度的模拟，除了 CanESM2、CMCC-CM、IPSL-CM5A-MR、

MPI-ESM-LR 和 MRI-CGCM3 模式，其他 13 个模式对风暴轴的模拟都略微偏弱。对于经向位置的模拟，除了 ACCESS1-3、CanESM2、CMCC-CM、MIROC-ESM 和 MPI-ESM-LR 模式，其他 13 个模式模拟的风暴轴都略微偏南。

对于中层风暴轴，与高层风暴轴类似，所有 18 个 CMIP5 模式都能较好地模拟出风暴轴的空间分布（图 10.2），除了 CSIRO-Mk3.6、IPSL-CM5A-LR、IPSL-CM5B-LR 和 MRI-CGCM3 模式，其他 14 个模式与观测的空间相关系数均大于 0.9（图 10.4）。对于强度的模拟，大约有一半的模式模拟的风暴轴强度与观测基本相当；而对于经向位置的模拟，除了 CSIRO-Mk3.6、IPSL-CM5B-LR、MIROC5 和 MRI-CGCM3 模式模拟的风暴轴相对偏南，其他 14 个模式均能较好地再现风暴轴的经向位置。

对于低层风暴轴，与高层风暴轴和中层风暴轴类似，所有模式均能很好地模拟出风暴轴的空间分布（图 10.3），除了 IPSL-CM5B-LR 和 NorESM1-M 模式，其他 16 个模式与观测的空间相关系数均大于 0.9（图 10.4）。对于强度的模拟，除了 CSIRO-Mk3.6、GFDL-ESM2G、GFDL-ESM2M、IPSL-CM5A-LR、IPSL-CM5B-LR、MIROC5 和 NorESM1-M 模式模拟的风暴轴较弱，其他 11 个模式模拟的风暴轴强度与观测基本相当。模式对于低层风暴轴经向位置的模拟能力强于高层和中层，除了 CSIRO-Mk3.6 和 IPSL-CM5B-LR 模式模拟的风暴轴位置略微偏南，其他 16 个模式均能较好地模拟出风暴轴的经向位置。

10.1.2 春季

图 10.5、图 10.6 和图 10.7 分别是观测和 18 个 CMIP5 模式模拟的 1980～2004 年春季平均的 250hPa、500hPa 和 700hPa 北太平洋风暴轴，图 10.8 为 CMIP5 模式模拟的高层、中层和低层风暴轴与观测的空间相关系数。

相比于冬季，春季风暴轴更强且位置略偏北，沿 42°N 纬向延伸。对于高层风暴轴，所有 18 个 CMIP5 模式都能够较好地模拟出风暴轴的空间分布（图 10.5），除了 CSIRO-Mk3.6、IPSL-CM5B-LR 和 MRI-CGCM3 模式，其他 15 个模式与观测的空间相关系数均大于 0.9（图 10.8）。对于强度的模拟，除了 ACCESS1-3、CanESM2、CMCC-CM、CNRM-CM5 和 MPI-ESM-LR 模式，其他 13 个模式对风暴轴的模拟都偏弱。对于经向位置的模拟，除了 IPSL-CM5B-LR 和 MRI-CGCM3 模式模拟的风暴轴位置略微偏南，其他模式模拟的风暴轴位置与观测基本一致。

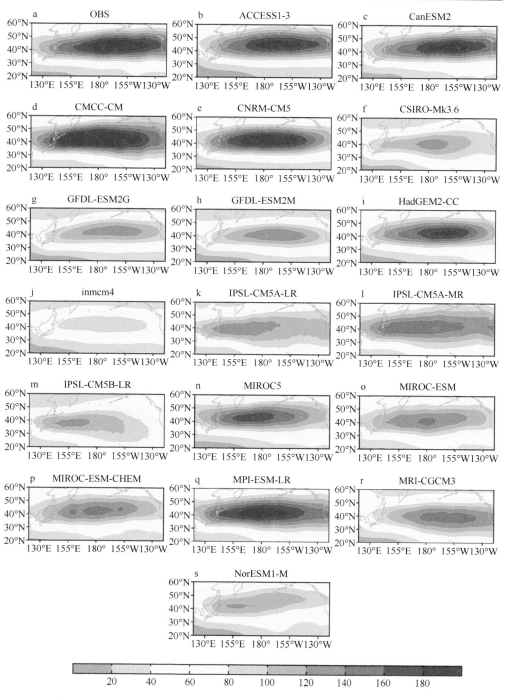

图 10.5　1980～2004 年春季平均的 250hPa 北太平洋风暴轴（单位：m²/s²）

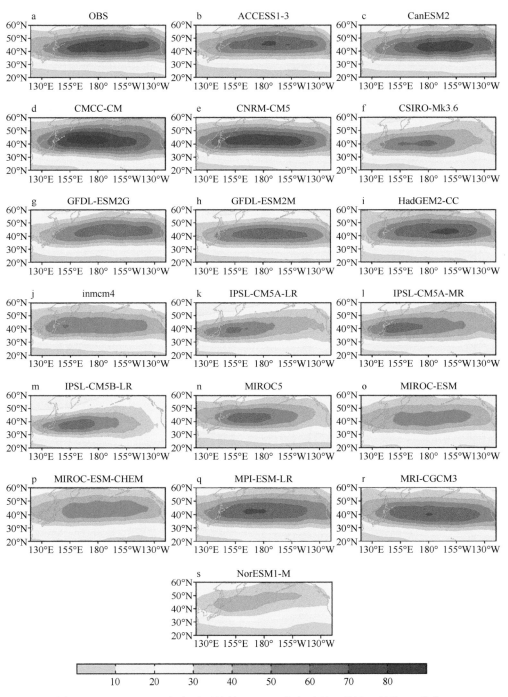

图 10.6 1980～2004 年春季平均的 500hPa 北太平洋风暴轴（单位：m^2/s^2）

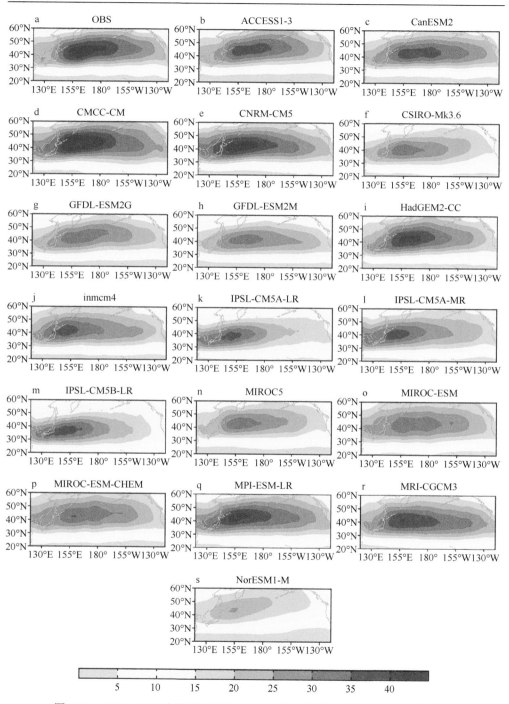

图 10.7　1980～2004 年春季平均的 700hPa 北太平洋风暴轴（单位：m²/s²）

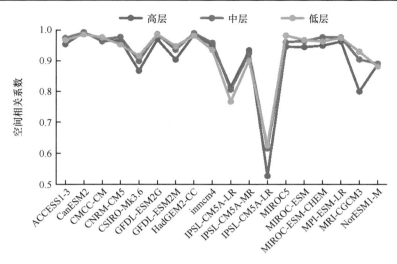

图 10.8 CMIP5 模式模拟的春季北太平洋风暴轴与观测的空间相关系数
绝对值大于 0.057 则显著性通过 90%的 t 检验

对于中层风暴轴，与高层风暴轴类似，所有 18 个 CMIP5 模式都能较好地模拟出风暴轴的空间分布（图 10.6），除了 CSIRO-Mk3.6、IPSL-CM5A-LR、IPSL-CM5B-LR 和 NorESM1-M 模式，其他 14 个模式与观测的空间相关系数均大于 0.9（图 10.8）。对于强度的模拟，除了 CanESM2、CMCC-CM 和 CNRM-CM5 模式，其他 15 个模式模拟的风暴轴较观测偏弱；而对于经向位置的模拟，除了 CSIRO-Mk3.6、IPSL-CM5A-LR 和 IPSL-CM5B-LR 模式模拟的风暴轴略微偏南，其他 15 个模式均能较好地再现风暴轴的经向位置。

对于低层风暴轴，与高层风暴轴和中层风暴轴类似，所有模式均能很好地模拟出风暴轴的空间分布（图 10.7），除了 IPSL-CM5A-LR、IPSL-CM5B-LR 和 NorESM1-M 模式，其他 15 个模式与观测的空间相关系数均大于 0.9（图 10.8）。对于强度的模拟，除了 CMCC-CM、CNRM-CM5、HadGEM2-CC 和 MPI-ESM-LR 模式，其他 14 个模式模拟的风暴轴比观测偏弱。对于经向位置的模拟，除了 CSIRO-Mk3.6、IPSL-CM5A-LR、IPSL-CM5B-LR 模式模拟的风暴轴位置略微偏南，其他 15 个模式均能较好地模拟出风暴轴的经向位置。

10.1.3 夏季

图 10.9、图 10.10 和图 10.11 分别是观测和 18 个 CMIP5 模式模拟的 1980～2004 年夏季平均的 250hPa、500hPa 和 700hPa 北太平洋风暴轴，图 10.12 为 CMIP5 模式模拟的高层、中层和低层风暴轴与观测的空间相关系数。

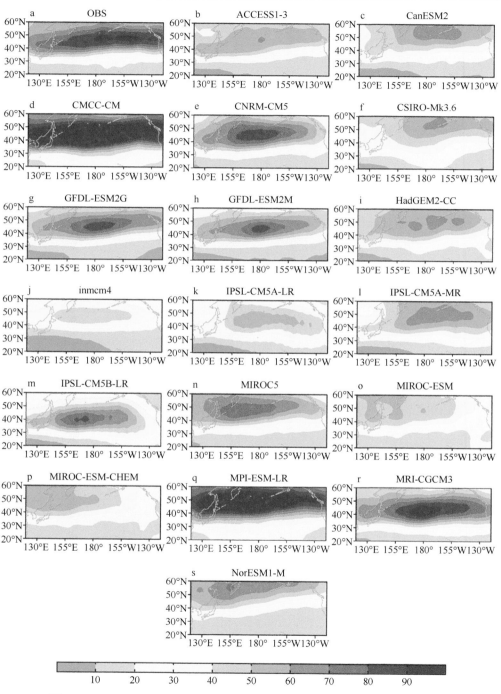

图 10.9　1980～2004 年夏季平均的 250hPa 北太平洋风暴轴（单位：m²/s²）

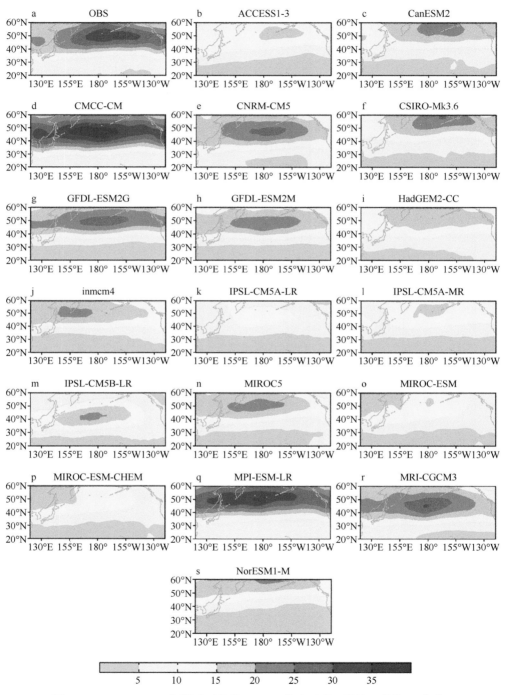

图 10.10　1980～2004 年夏季平均的 500hPa 北太平洋风暴轴（单位：m²/s²）

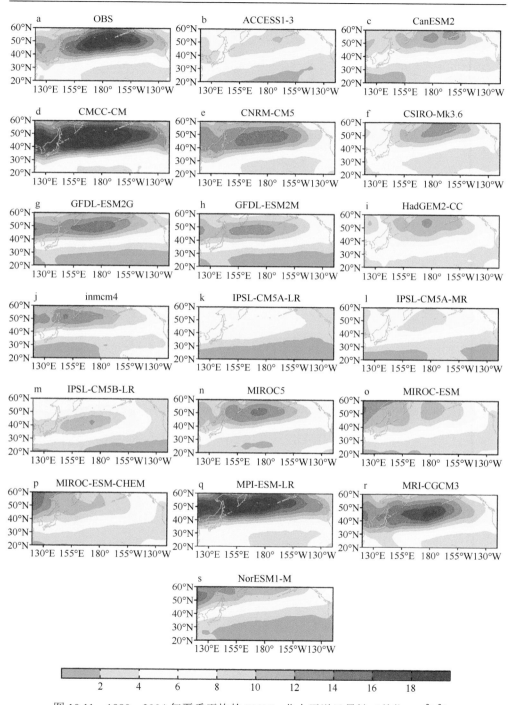

图 10.11　1980～2004 年夏季平均的 700hPa 北太平洋风暴轴（单位：m²/s²）

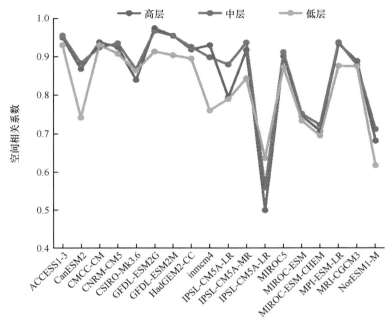

图 10.12　CMIP5 模式模拟的夏季北太平洋风暴轴与观测的空间相关系数

绝对值大于 0.057 则显著性通过 90%的 *t* 检验

相比于其他季节，夏季风暴轴最弱且位置最靠北，在北太平洋上空沿 48°N 纬向延伸。对于高层风暴轴，大多数模式能够基本再现风暴轴的空间分布（图 10.9），除了 IPSL-CM5B-LR 和 NorESM1-M 模式，其他 16 个模式与观测的空间相关系数均大于 0.7（图 10.12）。对于强度的模拟，除了 CMCC-CM 和 MPI-ESM-LR 模式，其他 16 个模式对风暴轴的模拟显著偏弱。对于经向位置的模拟，IPSL-CM5B-LR 和 MRI-CGCM3 模式模拟的风暴轴位置略微偏南，CanESM2、CSIRO-Mk3.6、MIROC-ESM、MIROC-ESM-CHEM 和 NorESM1-M 模式模拟的风暴轴位置偏北，其他模式模拟的风暴轴经向位置与观测基本一致。

对于中层风暴轴，与高层风暴轴类似，大多数模式能够基本模拟出风暴轴的空间分布（图 10.10），除了 IPSL-CM5B-LR 模式，其他 17 个模式与观测的空间相关系数均大于 0.7（图 10.12）。对于强度的模拟，除了 CMCC-CM 和 MPI-ESM-LR 模式，其他 16 个模式模拟的风暴轴强度较观测显著偏弱；而对于经向位置的模拟，IPSL-CM5B-LR 和 MRI-CGCM3 模式模拟的风暴轴位置略微偏南，CanESM2、CSIRO-Mk3.6、MIROC-ESM、MIROC-ESM-CHEM 和 NorESM1-M 模式模拟的风暴轴位置偏北，其他模式模拟的风暴轴经向位置与观测基本一致。

对于低层风暴轴，与高层风暴轴和中层风暴轴类似，大多数模式能够基本模拟出风暴轴的空间分布（图 10.11），除了 IPSL-CM5B-LR、NorESM1-M 和 MIROC-ESM-CHEM 模式，其他 15 个模式与观测的空间相关系数均大于 0.7（图 10.12）。

对于强度的模拟，除了 CMCC-CM 和 MPI-ESM-LR 模式，其他 16 个模式模拟的风暴轴较观测显著偏弱；而对于经向位置的模拟，IPSL-CM5B-LR 和 MRI-CGCM3 模式模拟的风暴轴位置略微偏南，CanESM2、CSIRO-Mk3.6、MIROC-ESM、MIROC-ESM-CHEM 和 NorESM1-M 模式模拟的风暴轴位置偏北，其他模式模拟的风暴轴经向位置与观测基本一致。值得注意的是，无论是从空间分布、强度还是经向位置的模拟而言，模式对夏季风暴轴的模拟能力均弱于其他季节。

10.1.4　秋季

图 10.13、图 10.14 和图 10.15 分别是观测和 18 个 CMIP5 模式模拟的 1980～2004 年秋季平均的 250hPa、500hPa 和 700hPa 北太平洋风暴轴，图 10.16 为 CMIP5 模式模拟的高层、中层和低层风暴轴与观测的空间相关系数。

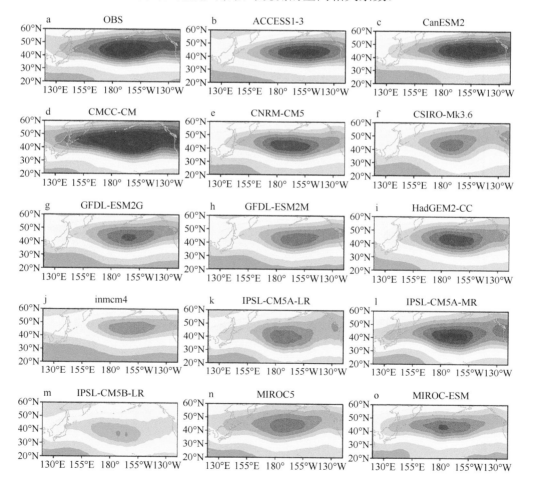

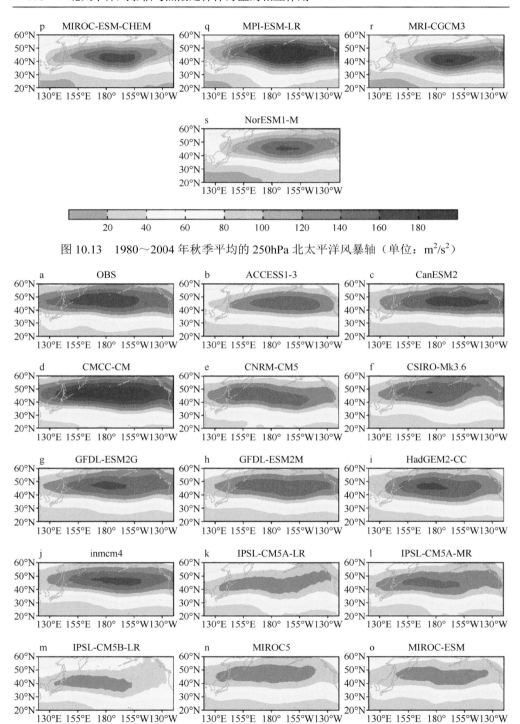

图 10.13　1980～2004 年秋季平均的 250hPa 北太平洋风暴轴（单位：m²/s²）

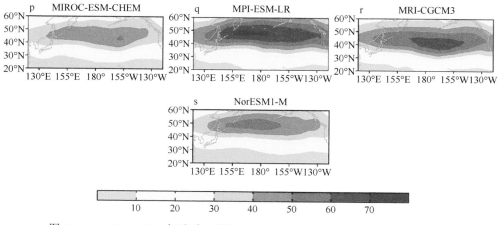

图 10.14　1980～2004 年秋季平均的 500hPa 北太平洋风暴轴（单位：m²/s²）

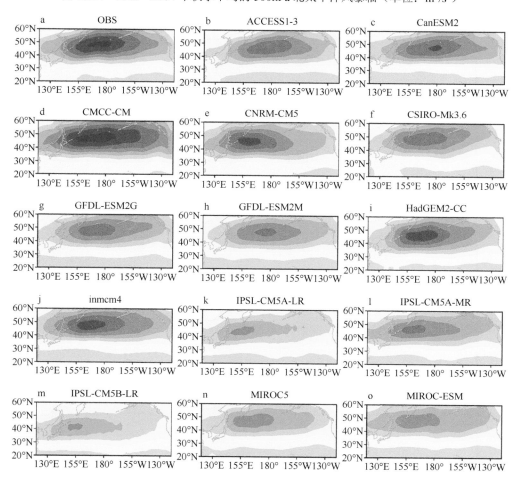

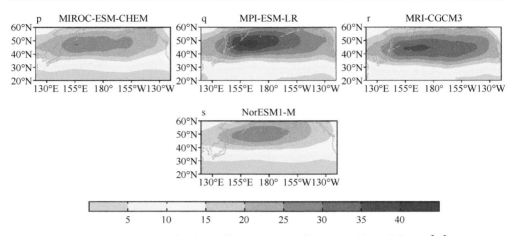

图 10.15 1980～2004 年秋季平均的 700hPa 北太平洋风暴轴（单位：m^2/s^2）

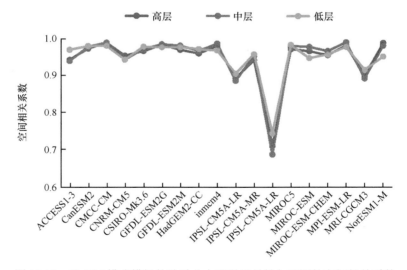

图 10.16 CMIP5 模式模拟的秋季北太平洋风暴轴与观测的空间相关系数

绝对值大于 0.057 则显著性通过 90% 的 t 检验

对于高层风暴轴，与其他季节类似，所有 18 个 CMIP5 模式都能够很好地模拟出风暴轴的空间分布（图 10.13），除了 IPSL-CM5A-LR、IPSL-CM5B-LR 和 MRI-CGCM3 模式，其他 15 个模式与观测的空间相关系数均大于 0.9（图 10.16）。对于强度的模拟，除了 CanESM2、CMCC-CM 和 MPI-ESM-LR 模式，其他 15 个模式对风暴轴的模拟都略微偏弱。对于经向位置的模拟，除了 IPSL-CM5A-LR、IPSL-CM5A-MR、IPSL-CM5B-LR 和 MRI-CGCM3 模式模拟的风暴轴较观测略微偏南，其他 14 个模式模拟的风暴轴位置和观测基本一致。

对于中层风暴轴，与高层风暴轴类似，所有 18 个 CMIP5 模式都能很好地模拟出风暴轴的空间分布（图 10.14），除了 IPSL-CM5A-LR、IPSL-CM5B-LR 和 MRI-CGCM3 模式，其他 15 个模式与观测的空间相关系数均大于 0.9（图 10.16）。对于强度的模拟，除了 CanESM2、CMCC-CM、MPI-ESM-LR 和 MRI-CGCM3 模式，其他 14 个模式模拟的风暴轴较观测偏弱；而对于经向位置的模拟，除了 IPSL-CM5A-LR、IPSL-CM5B-LR 和 MRI-CGCM3 模式模拟的风暴轴较观测略微偏南，其他 15 个模式均能较好地再现风暴轴的经向位置。

对于低层风暴轴，与高层风暴轴和中层风暴轴类似，所有模式均能够很好地模拟出风暴轴的空间分布（图 10.15），除了 IPSL-CM5B-LR 模式，其他 17 个模式与观测的空间相关系数均大于 0.9（图 10.16）。对于强度的模拟，除了 CMCC-CM 和 MPI-ESM-LR 模式，其他 16 个模式模拟的风暴轴较观测偏弱；而对于经向位置的模拟，除了 IPSL-CM5A-LR、IPSL-CM5B-LR 和 MRI-CGCM3 模式模拟的风暴轴较观测略微偏南，其他 15 个模式模拟的风暴轴经向位置与观测基本一致。

以上分析表明，本章所选用的 18 个 CMIP5 模式均可较好地模拟北太平洋风暴轴空间分布，模式对秋季风暴轴空间分布的模拟能力最强，冬季和春季次之，夏季最弱。大多数模式对风暴轴强度的模拟较观测偏弱，但是对其经向位置的模拟与观测基本一致。

10.2　全球变暖背景下北太平洋风暴轴变化的预估

根据上节的分析可知，所有 18 个 CMIP5 模式均能够较好地再现北太平洋风暴轴的空间分布，本节则利用 18 个 CMIP5 模式的集合平均结果，预估在未来全球变暖背景下北太平洋风暴轴将会发生何种变化。这里的集合平均即等权重算术平均。

10.2.1　冬季

图 10.17 是 18 个 CMIP5 模式集合平均的历史（HIS）和 RCP8.5 情景下的冬季 250hPa、500hPa 和 700hPa 北太平洋风暴轴及其差值场。在全球变暖背景下，高层风暴轴显著向北增强，最大增强区域位于风暴轴气候态大值区的北侧（35°N～60°N），而在风暴轴气候态大值区的南侧（20°N～35°N）高层风暴轴有所削弱；中层和低层风暴轴整体削弱，且在风暴轴气候态大值区南侧（20°N～40°N）削弱程度最大。

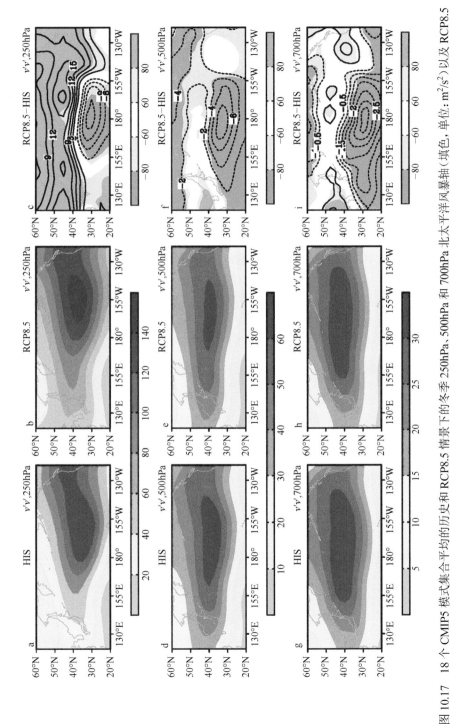

图 10.17 18 个 CMIP5 模式集合平均的历史和 RCP8.5 情景下的冬季 250hPa、500hPa 和 700hPa 北太平洋风暴轴（填色，单位：m²/s²）以及 RCP8.5 情景减去历史的差值场（等值线，单位：m²/s²）

差值场中红色和蓝色填色区域分别代表正变化和负变化，浅色（深色）代表大于 60%（80%）的模式预估结果与这种变化符号一致

10.2.2　春季

图 10.18 是 18 个 CMIP5 模式集合平均的历史和 RCP8.5 情景下的春季北太平洋风暴轴及其差值场。在全球变暖背景下，与冬季类似，春季高层风暴轴在风暴轴气候态大值区的北侧（40°N～60°N）有所增强，而在风暴轴气候态大值区的南侧（20°N～40°N）有所削弱，这说明高层风暴轴将向北加强；中层和低层风暴轴整体削弱，且在风暴轴气候态大值区南侧（20°N～40°N）削弱程度最大。

10.2.3　夏季

图 10.19 是 18 个 CMIP5 模式集合平均的历史和 RCP8.5 情景下的夏季北太平洋风暴轴及其差值场。在全球变暖背景下，风暴轴的经向位置基本不变，而对于风暴轴的强度，与冬季和春季不同，夏季风暴轴在对流层整层显著削弱，且在风暴轴气候态大值区附近及偏南侧削弱程度最大。

10.2.4　秋季

图 10.20 是 18 个 CMIP5 模式集合平均的历史和 RCP8.5 情景下的秋季北太平洋风暴轴及其差值场。在全球变暖背景下，风暴轴整层削弱，且在风暴轴气候态大值区南侧（20°N～45°N）削弱程度最大。

综上所述，在全球变暖背景下，冬季和春季风暴轴在对流层高层将向北加强，在中低层显著削弱；而夏季和秋季风暴轴在对流层整层显著削弱，且在风暴轴气候态大值区的南侧削弱程度最大。

10.3　CMIP5 模式对北太平洋风暴轴与中纬度海洋锋关系的模拟

为了表征中纬度海洋锋的强度，将标准化后去除长期变化趋势的（35°N～45°N，145°E～180°）区域平均的 $-\partial \mathrm{SST}/\partial y$ 定义为中纬度海洋锋强度指数（I_{OF}）。

10.3.1　冬季

为了分析冬季风暴轴与海洋锋强度的关系，将风暴轴异常回归至 I_{OF}，图 10.21、图 10.22 和图 10.23 分别是观测和 18 个 CMIP5 模式模拟的冬季 250hPa、500hPa 和 700hPa 北太平洋风暴轴异常回归至 I_{OF} 的回归系数场和 1980～2004 年冬季平均的风暴轴。图 10.24 为 CMIP5 模式模拟的冬季 250hPa、500hPa 和 700hPa 的北太平洋风暴轴回归系数场与观测场的空间相关系数。

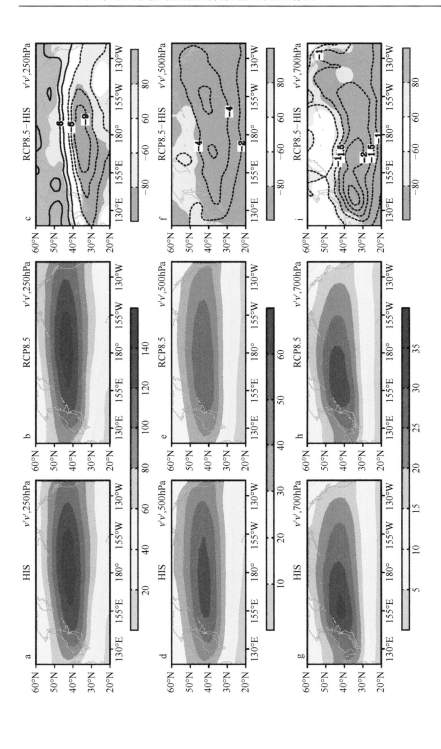

图 10.18　18 个 CMIP5 模式集合平均历史和 RCP8.5 情景下的北太平洋春季 250hPa、500hPa 和 700hPa 风暴轴（填色，单位：m²/s²）以及 RCP8.5 情景减去历史变化和负变化，浅色（深色）代表大于 60%（80%）的模式预估结果与这种变化符号一致

情景减去历史的差值场（等值线，单位：m²/s²）

差值场中红色和蓝色填色区域分别代表正变化和负变化，浅色（深色）代表大于 60%（80%）的模式预估结果与这种变化符号一致

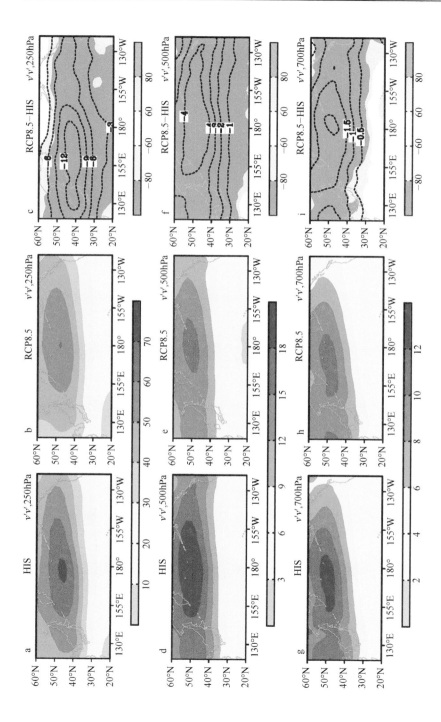

图 10.19　18 个 CMIP5 模式集合平均的历史和 RCP8.5 情景下的夏季 250hPa、500hPa 和 700hPa 北太平洋风暴轴（填色，单位：m²/s²）以及 RCP8.5 情景减去历史的差值场（等值线，单位：m²/s²）

差值场中红色和蓝色填色区域分别代表正变化和负变化，浅色（深色）代表大于 60%（80%）的模式预估结果与这种变化符号一致

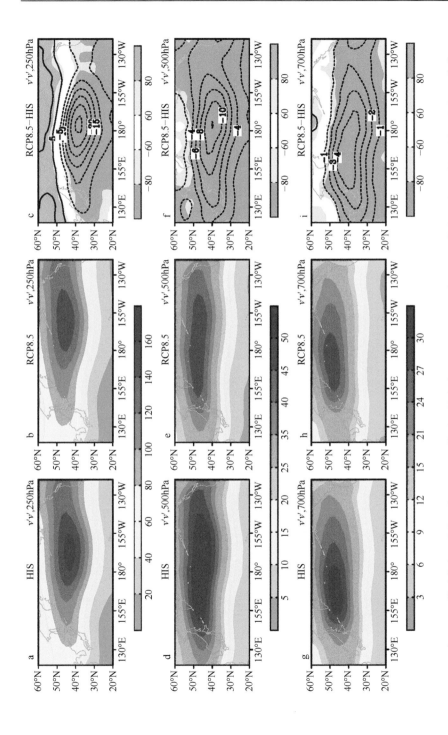

图 10.20　18 个 CMIP5 模式集合平均的历史和 RCP8.5 情景下的秋季 250hPa、500hPa 和 700hPa 北太平洋风暴轴（填色，单位：m²/s²）以及 RCP8.5 情景减去历史的差值场（等值线，单位：m²/s²）

差值场中红色和蓝色区域分别代表正变化和负变化，浅色（深色）代表大于 60%（80%）的模式预估结果与这种变化符号一致

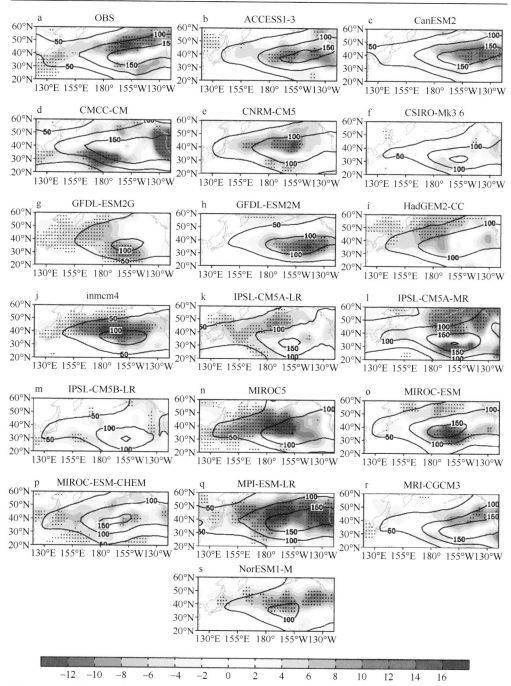

图 10.21   观测和 18 个 CMIP5 模式模拟的冬季 250hPa 北太平洋风暴轴异常回归至 I_{OF} 的回归系数场（填色，单位：m^2/s^2）和 1980～2004 年冬季平均的 250hPa 风暴轴（等值线，单位：m^2/s^2）打点区域代表显著性通过 90%的 t 检验

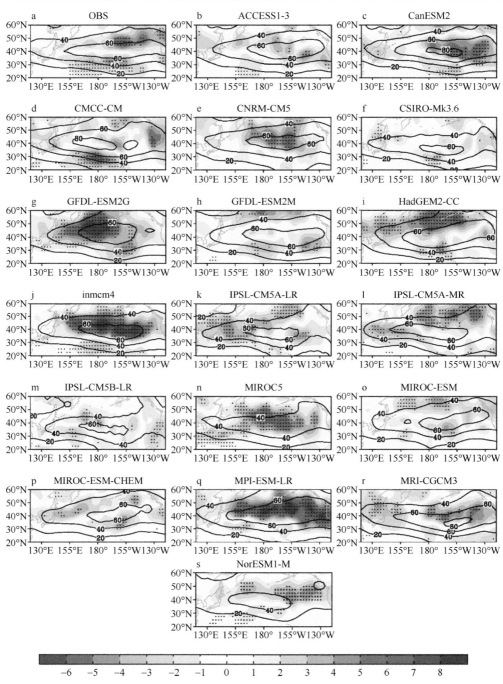

图 10.22 观测和 18 个 CMIP5 模式模拟的冬季 500hPa 北太平洋风暴轴异常回归至 I_{OF} 的回归系数场（填色，单位：m^2/s^2）和 1980～2004 年冬季平均的 500hPa 风暴轴（等值线，单位：m^2/s^2）

打点区域代表显著性通过 90%的 t 检验

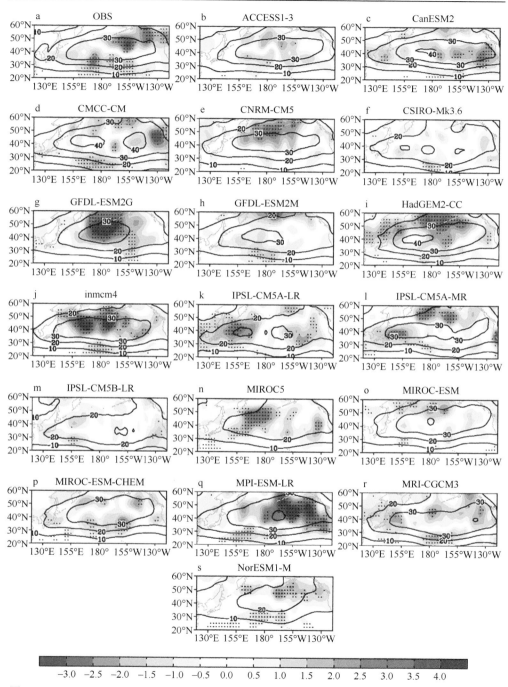

图 10.23　观测和 18 个 CMIP5 模式模拟的冬季 700hPa 北太平洋风暴轴异常回归至 I_{OF} 的回归系数场（填色，单位：m^2/s^2）和 1980～2004 年冬季平均的 700hPa 风暴轴（等值线，单位：m^2/s^2）

打点区域代表显著性通过 90% 的 t 检验

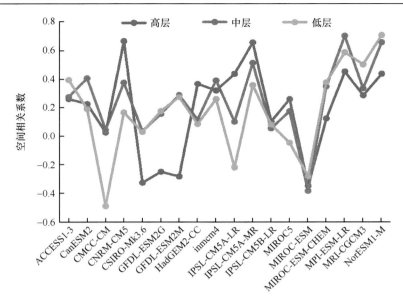

图 10.24　CMIP5 模式模拟的冬季北太平洋风暴轴异常回归至 I_{OF} 的回归系数场与观测场的空间
相关系数

绝对值大于 0.057 则显著性通过 90%的 t 检验

　　观测中，随着海洋锋加强，冬季对流层整层风暴轴在其气候态大值区的北部
呈现海盆尺度的正异常，这说明风暴轴向北加强（图 10.21a，图 10.22a，图 10.23a）。
大多数模式可以再现冬季风暴轴随海洋锋增强而向北加强的响应型，具体而言，
对于高层风暴轴，除了 CMCC-CM、CSIRO-Mk3.6、GFDL-ESM2G、GFDL-ESM2M
和 MIROC-ESM 模式，其他 13 个模式均能再现高层风暴轴对海洋锋强度变化的
响应形态（图 10.21），其中 CNRM-CM5 模式与观测的空间相关系数最高，为 0.67
（图 10.24）。对于中层风暴轴，除了 CMCC-CM、CSIRO-Mk3.6、IPSL-CM5B-LR
和 MIROC-ESM 模式，其他 14 个模式均能再现中层风暴轴对海洋锋强度变化的
响应形态（图 10.22），其中 MPI-ESM-LR 模式的模拟能力最强，与观测的空间
相关系数达 0.70（图 10.24）。对于低层风暴轴，除了 CMCC-CM、CSIRO-Mk3.6、
IPSL-CM5A-LR、MIROC5 和 MIROC-ESM 模式，其他 13 个模式均能再现低层风
暴轴对海洋锋强度变化的响应形态（图 10.23），其中 NorESM1-M 模式的模拟能
力最强，与观测的空间相关系数达 0.70（图 10.24，绿色折线）。

10.3.2　春季

　　为了研究春季风暴轴随海洋锋强度的变化，将春季风暴轴异常回归至 I_{OF}，图
10.25、图 10.26 和图 10.27 分别是观测和 18 个 CMIP5 模式模拟的春季 250hPa、

500hPa 和 700hPa 北太平洋风暴轴异常回归至 I_{OF} 的回归系数场和 1980～2004 年春季平均的风暴轴。图 10.28 为 CMIP5 模式模拟的春季 250hPa、500hPa 和 700hPa 的北太平洋风暴轴回归系数场与观测场的空间相关系数。

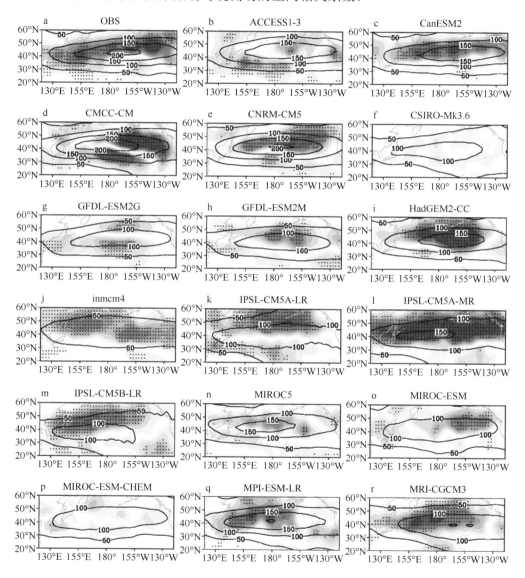

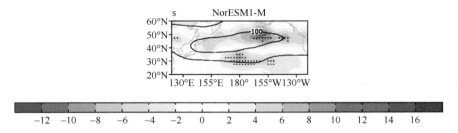

图 10.25 观测和 18 个 CMIP5 模式模拟的春季 250hPa 北太平洋风暴轴异常回归至 I_{OF} 的回归系数场（填色，单位：m^2/s^2）和 1980～2004 年春季平均的 250hPa 风暴轴（等值线，单位：m^2/s^2）打点区域代表显著性通过 90%的 t 检验

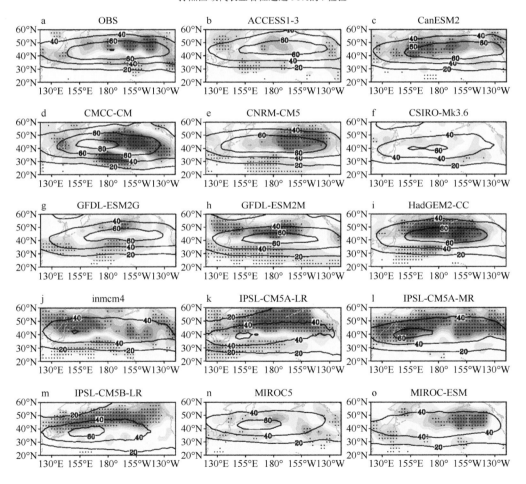

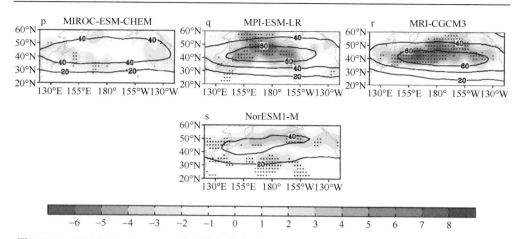

图 10.26 观测和 18 个 CMIP5 模式模拟的春季 500hPa 北太平洋风暴轴异常回归至 I_{OF} 的回归系数场（填色，单位：m²/s²）和 1980～2004 年春季平均的 500hPa 风暴轴（等值线，单位：m²/s²）

打点区域代表显著性通过 90% 的 t 检验

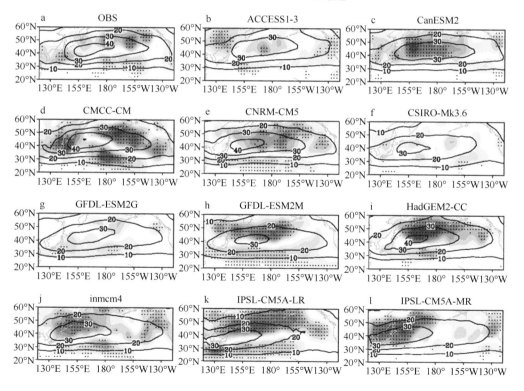

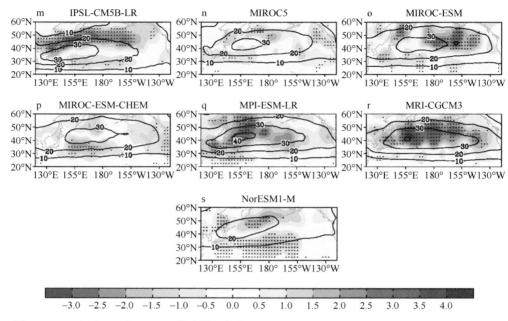

图 10.27　观测和 18 个 CMIP5 模式模拟的春季 700hPa 北太平洋风暴轴异常回归至 I_{OF} 的回归系数场（填色，单位：m²/s²）和 1980～2004 年春季平均的 700hPa 风暴轴（等值线，单位：m²/s²）
打点区域代表显著性通过 90% 的 t 检验

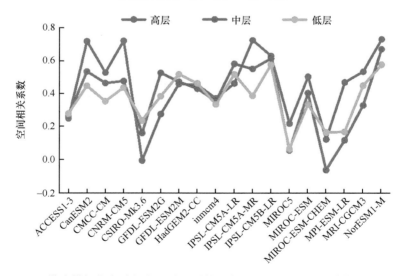

图 10.28　CMIP5 模式模拟的春季北太平洋风暴轴异常回归至 I_{OF} 的回归系数场与观测场的空间
相关系数
绝对值大于 0.057 则显著性通过 90% 的 t 检验

　观测中，与冬季类似，随着海洋锋加强，春季对流层整层风暴轴在其气候态大值区的北部呈现强烈的海盆尺度正异常，即风暴轴整体向北加强（图 10.25a，图 10.26a，图 10.27a），相比于其他季节，春季风暴轴对海洋锋强度的响应最强。绝大多数模式可以再现春季风暴轴随海洋锋增强而向北加强的特征，具体而言，对于高层风暴轴，除了 CSIRO-Mk3.6 模式，其他 17 个模式均能再现高层风暴轴对海洋锋强度变化的响应形态（图 10.25），其中 NorESM1-M 模式与观测的空间相关系数最高，为 0.73（图 10.28）。对于中层风暴轴，除了 MIROC5 和 MIROC-ESM-CHEM 模式，其他 16 个模式均能再现中层风暴轴对海洋锋强度变化的响应形态（图 10.26），其中 NorESM1-M 模式的模拟能力最强，与观测的空间相关系数达 0.67（图 10.28）。对于低层风暴轴，所有 18 个模式均能再现低层风暴轴对海洋锋强度变化的响应形态（图 10.27），其中 NorESM1-M 模式的模拟能力最强，与观测的空间相关系数达 0.58（图 10.28）。相比于其他季节，模式对春季风暴轴响应型的模拟能力最强。

10.3.3　夏季

为了研究夏季风暴轴随海洋锋强度的变化，将夏季风暴轴异常回归至 I_{OF}，图 10.29、图 10.30 和图 10.31 分别是观测和 18 个 CMIP5 模式模拟的夏季 250hPa、500hPa 和 700hPa 北太平洋风暴轴异常回归至 I_{OF} 的回归系数场和 1980~2004 年夏季平均的风暴轴。图 10.32 为 CMIP5 模式模拟的北太平洋夏季 250hPa、500hPa 和 700hPa 的风暴轴回归系数场与观测场的空间相关系数。

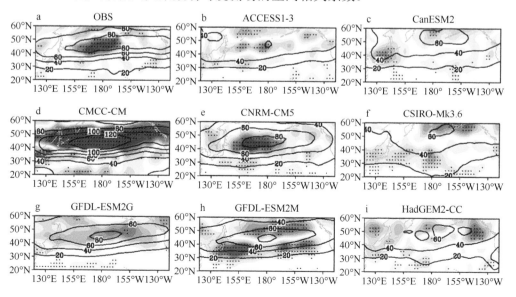

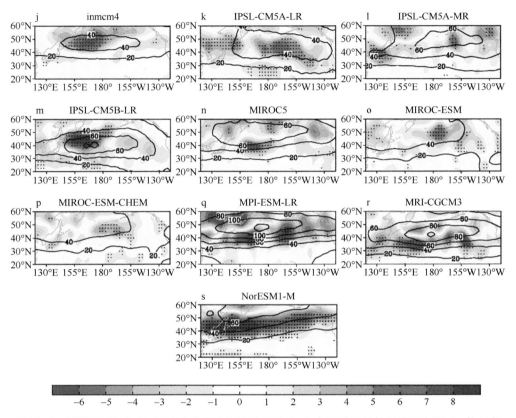

图 10.29 观测和 18 个 CMIP5 模式模拟的夏季 250hPa 北太平洋风暴轴异常回归至 I_{OF} 的回归系数场（填色，单位：m²/s²）和 1980～2004 年夏季平均的 250hPa 风暴轴（等值线，单位：m²/s²）

打点区域代表显著性通过 90%的 t 检验

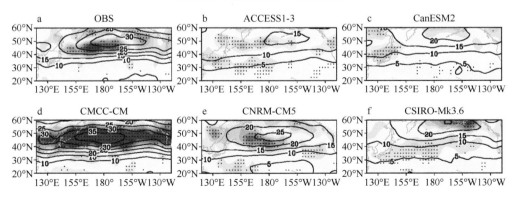

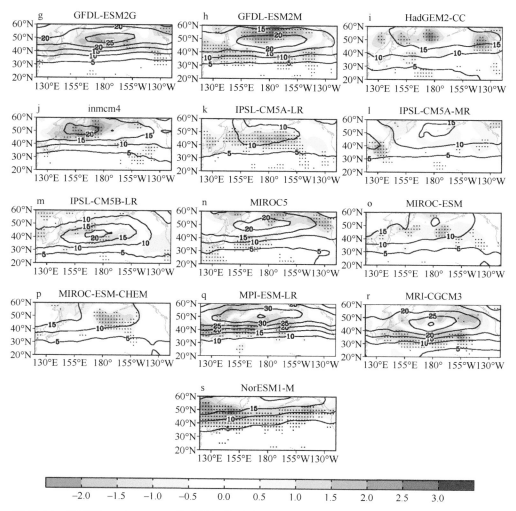

图 10.30　观测和 18 个 CMIP5 模式模拟的夏季 500hPa 北太平洋风暴轴异常回归至 I_{OF} 的回归系数场（填色，单位：m^2/s^2）和 1980～2004 年夏季平均的 500hPa 风暴轴（等值线，单位：m^2/s^2）
打点区域代表显著性通过 90%的 t 检验

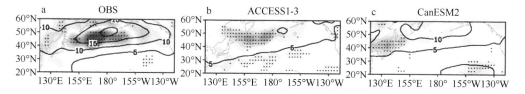

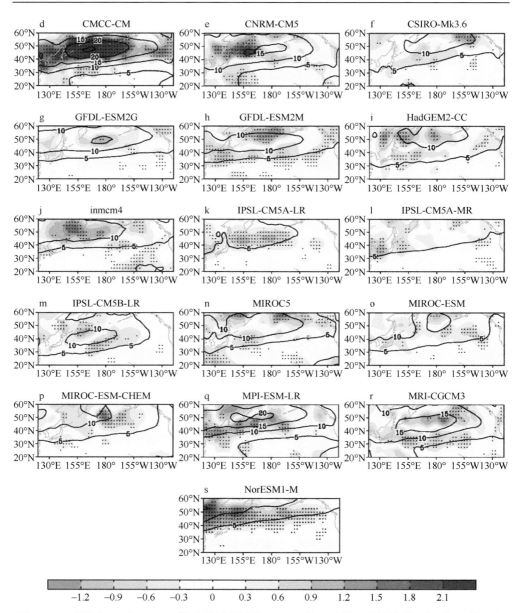

图 10.31　观测和 18 个 CMIP5 模式模拟的夏季 700hPa 北太平洋风暴轴异常回归至 I_{OF} 的回归系数场（填色，单位：m^2/s^2）和 1980～2004 年夏季平均的 700hPa 风暴轴（等值线，单位：m^2/s^2）打点区域代表显著性通过 90% 的 t 检验

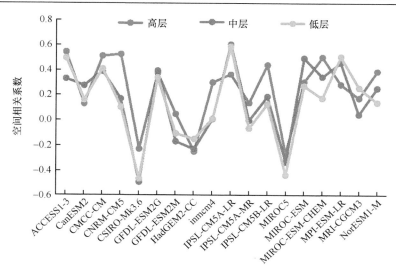

图10.32　CMIP5 模式模拟的夏季北太平洋风暴轴异常回归至 I_{OF} 的回归系数场与观测场的空间相关系数

绝对值大于 0.057 则显著性通过 90% 的 t 检验

　　观测中，随着海洋锋加强，夏季对流层整层风暴轴在其气候态大值区中心及南部出现正异常，相比于其他季节，夏季风暴轴的正异常程度最小，这说明夏季风暴轴随海洋锋增强而加强的程度最小（图 10.29a，图 10.30a，图 10.31a）。大多数模式可以再现夏季风暴轴随海洋锋增强而加强的响应型，具体而言，对于高层风暴轴，除了 CSIRO-Mk3.6、GFDL-ESM2M、HadGEM2-CC 和 MIROC5 模式，其他 14 个模式均能再现高层风暴轴对海洋锋强度变化的响应形态（图 10.29），其中 ACCESS1-3 模式与观测的空间相关系数最高，为 0.54（图 10.32）。对于中层风暴轴，除了 CSIRO-Mk3.6、GFDL-ESM2M、HadGEM2-CC、inmcm4、IPSL-CM5A-MR、MIROC5 和 MRI-CGCM3 模式，其他 11 个模式均能再现中层风暴轴对海洋锋强度变化的响应形态（图 10.30），其中 IPSL-CM5A-LR 模式的模拟能力最强，与观测的空间相关系数达 0.60（图 10.32）。对于低层风暴轴，除了 CSIRO-Mk3.6、GFDL-ESM2M、HadGEM2-CC、inmcm4、IPSL-CM5A-MR 和 MIROC5 模式，其他 12 个模式均能再现低层风暴轴对海洋锋强度变化的响应形态（图 10.31），其中 IPSL-CM5A-LR 模式的模拟能力最强，与观测的空间相关系数达 0.58（图 10.32）。

10.3.4　秋季

　　为了研究秋季风暴轴随海洋锋强度的变化，将秋季风暴轴异常回归至 I_{OF}，图 10.33、图 10.34 和图 10.35 分别是观测和 18 个 CMIP5 模式模拟的秋季 250hPa、

500hPa 和 700hPa 北太平洋风暴轴异常回归至 I_{OF} 的回归系数场和 1980～2004 年秋季平均的风暴轴。图 10.36 为 CMIP5 模式模拟的北太平洋秋季 250hPa、500hPa 和 700hPa 的风暴轴回归系数场与观测场的空间相关系数。

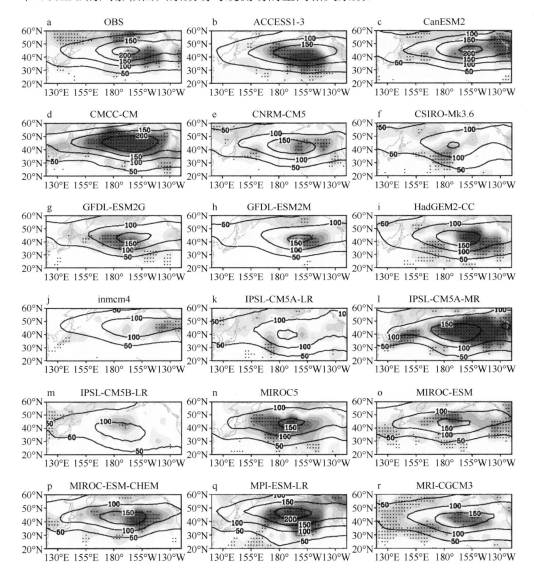

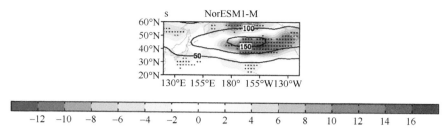

图 10.33　观测和 18 个 CMIP5 模式模拟的秋季 250hPa 北太平洋风暴轴异常回归至 I_{OF} 的回归系数场（填色，单位：m^2/s^2）和 1980～2004 年秋季平均的 250hPa 风暴轴（等值线，单位：m^2/s^2）

打点区域代表显著性通过 90% 的 t 检验

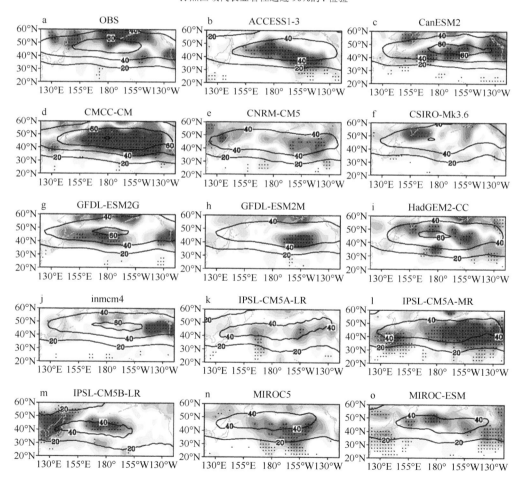

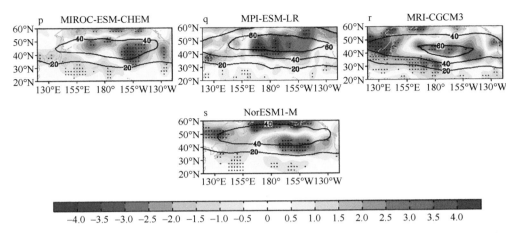

图 10.34 观测和 18 个 CMIP5 模式模拟的秋季 500hPa 北太平洋风暴轴异常回归至 I_{OF} 的回归系数场（填色，单位：m^2/s^2）和 1980～2004 年秋季平均的 500hPa 风暴轴（等值线，单位：m^2/s^2）

打点区域代表显著性通过 90% 的 t 检验

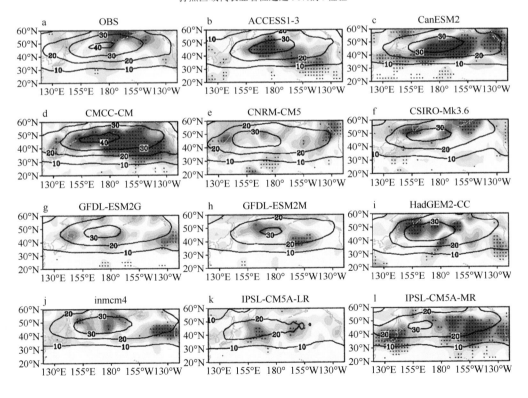

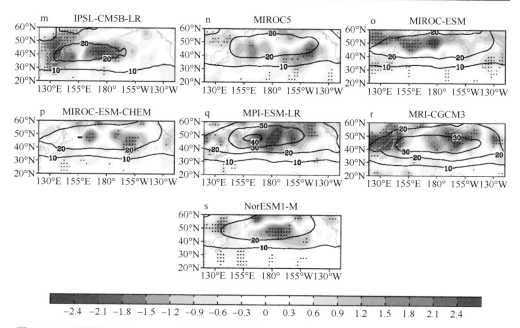

图 10.35　观测和 18 个 CMIP5 模式模拟的秋季 700hPa 北太平洋风暴轴异常回归至 I_{OF} 的回归系数场（填色，单位：m^2/s^2）和 1980～2004 年秋季平均的 700hPa 风暴轴（等值线，单位：m^2/s^2）

打点区域代表显著性通过 90% 的 t 检验

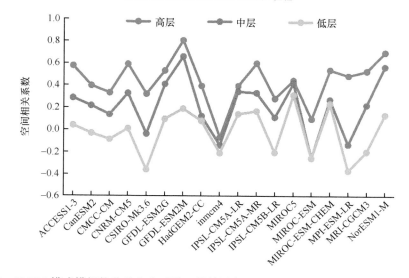

图 10.36　CMIP5 模式模拟的秋季北太平洋风暴轴异常回归至 I_{OF} 的回归系数场与观测场的空间相关系数

绝对值大于 0.057 则显著性通过 90% 的 t 检验

观测中，随着海洋锋加强，秋季对流层整层风暴轴在其气候态大值区的北部呈现负异常，而在气候态大值区的南部呈现正异常，这说明风暴轴向南移动（图 10.33a，图 10.34a，图 10.35a）。大多数模式可以再现秋季风暴轴随海洋锋增强而南移的特征，具体而言，对于高层风暴轴，除了 inmcm4 模式，其他 17 个模式均能再现高层风暴轴对海洋锋强度变化的响应形态（图 10.33），其中 GFDL-ESM2M 模式与观测的空间相关系数最大，为 0.80（图 10.36）。对于中层风暴轴，除了 CSIRO-Mk3.6、inmcm4、MIROC-ESM 和 MPI-ESM-LR 模式，其他 14 个模式均能再现中层风暴轴对海洋锋强度变化的响应形态（图 10.34），其中 GFDL-ESM2M 模式的模拟能力最强，与观测的空间相关系数达 0.66（图 10.36）。对于低层风暴轴，模式的模拟能力较差，只有 GFDL-ESM2G、GFDL-ESM2M、HadGEM2-CC、IPSL-CM5A-LR、IPSL-CM5A-MR、MIROC5、MIROC-ESM-CHEM 和 NorESM1-M 共 8 个模式可以基本再现低层风暴轴对海洋锋强度变化的响应形态（图 10.35，图 10.36）。

以上分析表明，大多数所选用的 CMIP5 模式可以再现北太平洋风暴轴随中纬度海洋锋增强而加强的特征，其中模式对春季风暴轴响应型的模拟能力最强。

10.4 全球变暖背景下北太平洋风暴轴与中纬度海洋锋关系变化的预估

根据上节分析可知，大多数 CMIP5 模式可以较好地再现北太平洋风暴轴对中纬度海洋锋强度变化的响应形态，本节则从 18 个 CMIP5 模式中甄选出若干优势模式做集合平均，预估在未来全球变暖背景下风暴轴响应型将会发生何种改变。本节的集合平均即等权重算术平均。甄选优势模式的标准是，根据模式对风暴轴响应型的模拟能力，挑选模式模拟的高层、中层和低层风暴轴回归系数场与观测场的空间相关系数均为正且通过显著性检验的模式。

10.4.1 冬季

冬季的优势模式共 10 个：ACCESS1-3、CanESM2、CNRM-CM5、HadGEM2-CC、inmcm4、IPSL-CM5A-MR、MIROC-ESM-CHEM、MPI-ESM-LR、MRI-CGCM3 和 NorESM1-M 模式。图 10.37 是 10 个优势模式集合平均的历史（HIS）和 RCP8.5 情景下的冬季 250hPa、500hPa 和 700hPa 北太平洋风暴轴异常回归至 I_{OF} 的回归系数场以及 RCP8.5 情景减去历史的差值场。可以看出，在全球变暖背景下，冬季风暴轴对海洋锋强度变化的响应整体增强，且在风暴轴上游和下游加强得最为显著，但是在北太平洋 50°N 以北略微削弱。

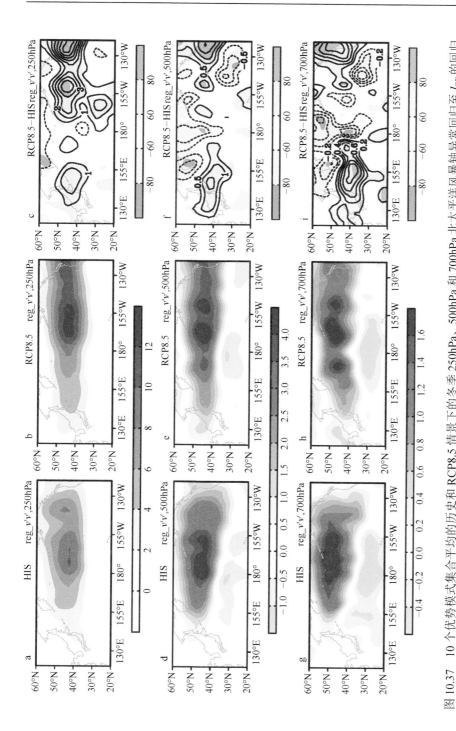

图 10.37　10 个优势模式集合平均的历史和 RCP8.5 情景下的冬季 250hPa、500hPa 和 700hPa 北太平洋风暴轴异常回归至 I_{OF} 的回归系数场（填色，单位：m^2/s^2）以及 RCP8.5 情景减去历史的差值场（等值线，单位：m^2/s^2）。差值场中红色和蓝色区域填色分别代表正变化和负变化，浅色（深色）代表大于 60%（80%）的模式预估结果与这种变化符号一致

10.4.2　春季

春季的优势模式共 14 个：ACCESS1-3、CanESM2、CMCC-CM、CNRM-CM5、GFDL-ESM2G、GFDL-ESM2M、HadGEM2-CC、inmcm4、IPSL-CM5A-LR、IPSL-CM5A-MR、MIROC-ESM、MPI-ESM-LR、MRI-CGCM3 和 NorESM1-M 模式。图 10.38 是 14 个优势模式集合平均的历史和 RCP8.5 情景下的春季 250hPa、500hPa 和 700hPa 北太平洋风暴轴异常回归至 I_{OF} 的回归系数场以及 RCP8.5 情景减去历史的差值场。可以看出，在全球变暖背景下，春季风暴轴对海洋锋强度变化的响应有所削弱，减弱的大值区沿 40°N 分布，而在 20°N～35°N 和 50°N～60°N 区域风暴轴的响应略微加强。

10.4.3　夏季

夏季的优势模式共 10 个：ACCESS1-3、CanESM2、CMCC-CM、CNRM-CM5、GFDL-ESM2G、IPSL-CM5A-LR、MIROC-ESM、MIROC-ESM-CHEM、MPI-ESM-LR 和 NorESM1-M 模式。图 10.39 是 10 个优势模式集合平均的历史和 RCP8.5 情景下的夏季 250hPa、500hPa 和 700hPa 北太平洋风暴轴异常回归至 I_{OF} 的回归系数场以及 RCP8.5 情景减去历史的差值场。可以看出，在全球变暖背景下，夏季风暴轴对海洋锋强度变化的响应整体削弱，最大削弱程度超过 50%。

10.4.4　秋季

秋季的优势模式共 8 个：GFDL-ESM2G、GFDL-ESM2M、HadGEM2-CC、IPSL-CM5A-LR、IPSL-CM5A-MR、MIROC5、MIROC-ESM-CHEM 和 NorESM1-M 模式。图 10.40 是 8 个优势模式集合平均的历史和 RCP8.5 情景下的秋季 250hPa、500hPa 和 700hPa 北太平洋风暴轴异常回归至 I_{OF} 的回归系数场以及 RCP8.5 情景减去历史的差值场。可以看出，在全球变暖背景下，秋季高层和中层风暴轴对海洋锋强度的响应有所减弱，在 30°N～50°N 减弱最为明显，而低层风暴轴的响应略微向北加强。

综上所述，在全球变暖背景下，海洋锋对冬季风暴轴的影响将有所加强，且在风暴轴上游和下游区域加强得最显著；除了对秋季低层风暴轴的影响略微向北加强，海洋锋对风暴轴的影响在春季、夏季和秋季都有所削弱，其中夏季削弱程度最大，最大削弱程度超过 50%。

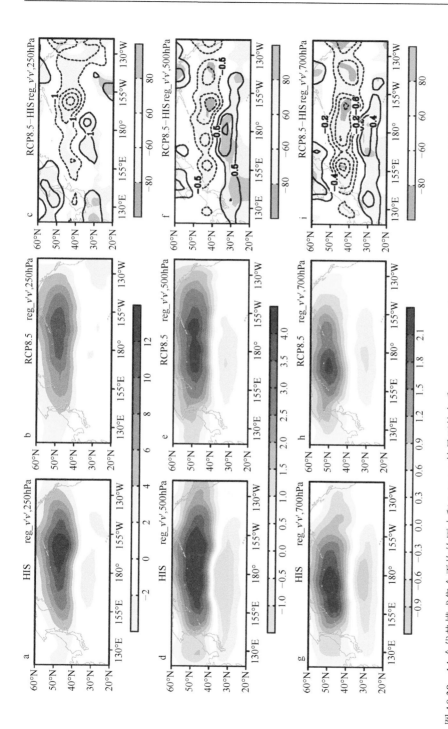

图 10.38　14 个优势模式集合平均的历史和 RCP8.5 情景下的春季 250hPa、500hPa 和 700hPa 北太平洋风暴轴异常回归至 I_{OF} 的回归系数场（填色，单位：m^2/s^2）以及 RCP8.5 情景减去历史的差值场（等值线，单位：m^2/s^2）

差值场中红色和蓝色填色区域分别代表正变化和负变化，浅色（深色）代表大于 60%（80%）的模式预估结果与这种变化符号一致

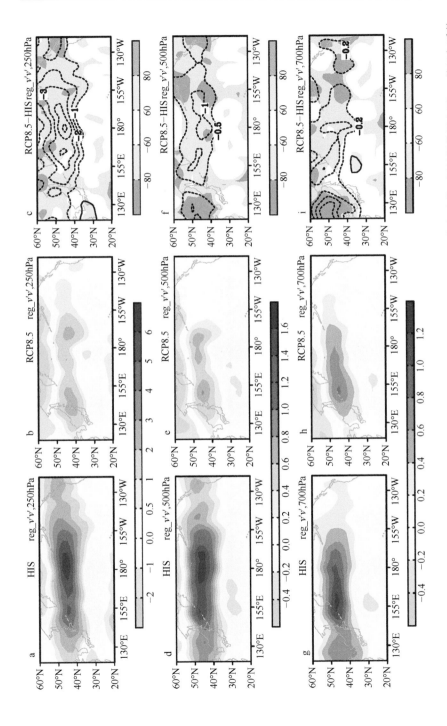

图 10.39　10 个优势模式集合平均的历史和 RCP8.5 情景下的夏季 250hPa、500hPa 和 700hPa 北太平洋风暴轴异常回归至 I_{OF} 的回归系数场（填色，单位：m²/s²）以及 RCP8.5 情景减去历史的差值场（等值线，单位：m²/s²）

差值场中红色和蓝色填色区域分别代表正变化和负变化，浅色（深色）代表大于 60%（80%）的模式预估结果与这种变化符号一致

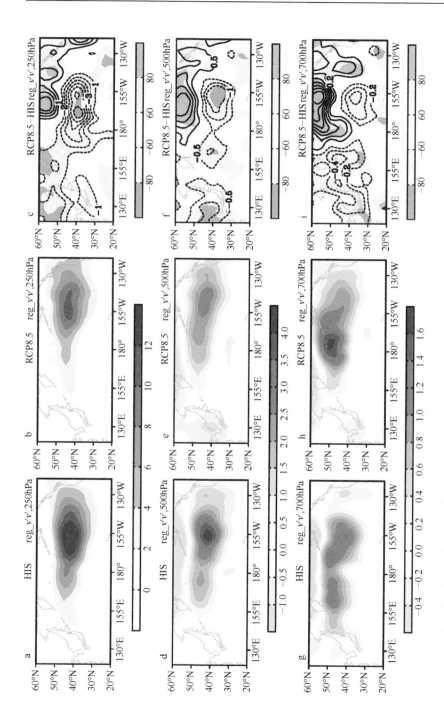

图 10.40 8 个优势模式集合平均的历史和 RCP8.5 情景下的秋季 250hPa、500hPa 和 700hPa 北太平洋风暴轴异常回归至 I_{OF} 的回归系数场（填色，单位：m^2/s^2）以及 RCP8.5 情景减去历史情景的差异场（等值线，单位：m^2/s^2）差值场中红色和蓝色填色区域分别代表正变化和负变化，浅色（深色）代表大于 60%（80%）的模式预估结果与这种变化符号一致

参 考 文 献

陈海山, 刘蕾, 朱月佳. 2012. 中国冬季极端低温事件与天气尺度瞬变波的可能联系. 中国科学: 地球科学, 42(12): 1951-1965.

陈海山, 朱月佳, 刘蕾. 2013. 长江中下游地区冬季极端降水事件与天气尺度瞬变波活动的可能联系. 大气科学, 37(4): 801-814.

陈涛. 2004. 太平洋 SSTA 与冬季北半球大气环流异常关系的初步分析. 南京气象学院硕士学位论文.

傅刚, 毕玮, 郭敬天. 2009. 北太平洋风暴轴的三维空间结构. 气象学报, 67(2): 189-200.

甘波澜. 2014. 北半球冬季风暴轴与热带外海洋的相互作用. 中国海洋大学博士学位论文.

郭文华. 2014. 北太平洋冬季天气尺度涡旋对时间平均流及海温的作用. 解放军理工大学硕士学位论文.

李莹, 朱伟军, 魏建苏. 2010. 冬季北太平洋风暴轴指数的评估及其改进. 大气科学, 34(5): 1001-1010.

卢佩生. 1987. 波包及其与基流相互作用的分析和计算. 大气科学, 11(1): 1-11.

陆日宇, 黄荣辉. 1999. 夏季西风带定常扰动对东北亚阻塞高压的影响. 大气科学, 23(5): 533-542.

马静, 徐海明. 2012. 春季黑潮延伸体海洋锋区经向位移与东亚大气环流的关系. 气象科学, 32(4): 375-384.

任雪娟, 杨修群, 韩博, 等. 2007a. 北太平洋风暴轴的变异特征及其与中纬度海气耦合关系分析. 地球物理学报, 50(1): 92-100.

任雪娟, 杨修群, 韩博, 等. 2007b. 北太平洋冬季海-气耦合的主模态及其与瞬变扰动异常的关系. 气象学报, 65(1): 52-62.

孙照渤, 朱伟军. 2000. 冬季北半球风暴轴能量演变的个例分析. 南京气象学院学报, 23(2): 147-155.

谭本馗. 2008. 大气 Rossby 波动力学的研究进展, 气象学报, 66(6): 870-879.

吴仁广, 陈烈庭. 1992. PNA 流型的年际变化及温、热带太平洋海温的作用. 大气科学, 16(5): 583-591.

夏淋淋, 谭言科, 尹锡帆, 等. 2016. 基于中心轴线的北太平洋冬季风暴轴分类及其机理研究. 大气科学, 40(6): 1284-1296.

伊兰, 陶诗言. 1997. 定常波和瞬变波在亚洲季风区大气水分循环中的作用. 气象学报, 55(5): 532-544.

尹锡帆. 2015. 北太平洋冬季两支天气尺度涡旋发展型及其与低频变化的关系. 解放军理工大学硕士学位论文.

袁凯. 2012. 北太平洋东部风暴轴的时空变化特征及其可能机制研究. 南京信息工程大学硕士学位论文.

曾庆存, 卢佩生. 1980. 非均匀基流上扰动的演变. 中国科学, (12): 1193-1202.

曾庆存, 卢佩生. 1983. 第十讲 中纬度天气系统的演变过程. 气象, 11: 33-39.

张备, 谭本馗. 2006. 南半球夏季长生命期斜压波包的观测研究. 北京大学学报(自然科学版), 42(2): 215-219.

朱伟军, 李莹. 2010. 冬季北太平洋风暴轴的年代际变化特征及其可能影响机制. 气象学报, 68(4): 477-486.

朱伟军, 孙照渤. 1998. ENSO 事件对冬季北半球太平洋风暴轴维持的影响. 大气科学学报, 21(2): 189-195.

朱伟军, 孙照渤. 2000. 冬季北太平洋风暴轴的年际变化及其与 500hPa 高度以及热带和北太平洋海温的联系. 气象学报, 58(3): 309-320.

朱伟军, 袁凯, 陈懿妮. 2013. 北太平洋东部风暴轴的时空演变特征. 大气科学, 37(1): 65-80.

Alexander M A, Bladé I, Newman M, et al. 2002. The atmospheric bridge: The influence of ENSO teleconnections on air-sea interaction over the global oceans. Journal of Climate, 15(16): 2205-2231.

Archambault H M, Bosart L F, Keyser D, et al. 2013. A climatological analysis of the extratropical flow response to recurring western North Pacific tropical cyclones. Monthly Weather Review, 141(7): 2325-2346.

Archambault H M, Keyser D, Bosart L F, et al. 2015. A composite perspective of the extratropical flow response to recurring western North Pacific tropical cyclones. Monthly Weather Review, 143(4): 1122-1141.

Bernstein R L, White W B. 1981. Stationary and traveling mesoscale perturbations in the Kuroshio Extension Current. Journal of Physical Oceanography, 11(5): 692-704.

Bishop S P, Small R J, Bryan F O, et al. 2017. Scale dependence of midlatitude air-sea interaction. Journal of Climate, 30(20): 8207-8221.

Bjerknes J. 1966. A possible response of the atmospheric Hadley circulation to equatorial anomalies of ocean temperature. Tellus, 18(4): 820-829.

Bjerknes J. 1969. Atmospheric teleconnections from the equatorial Pacific. Monthly Weather Review, 97(3): 163-176.

Black R X, Dole R M. 1993. The dynamics of large-scale cyclogenesis over the North Pacific Ocean. Journal of the Atmospheric Sciences 50(3): 421-442.

Blackmon M L. 1976. A climatological spectral study of the 500 mb geopotential height of the Northern Hemisphere. Journal of the Atmospheric Sciences, 33(8): 1607-1623.

Blackmon M L, Wallace J M, Lau N C, et al. 1977. An observational study of the Northern Hemisphere wintertime circulation. Journal of the Atmospheric Sciences, 34(7): 1040-1053.

Bladé I. 1999. The influence of midlatitude ocean-atmosphere coupling on the low-frequency variability of a GCM. Part II: Interannual variability induced by tropical SST forcing. Journal of Climate, 12(1): 21-45.

Booth J F, Kwon Y O, Ko S, et al. 2017. Spatial patterns and intensity of the surface storm tracks in CMIP5 models. Journal of Climate, 30(13): 4965-4981.

Booth J F, Thompson L A, Patoux J, et al. 2010. The signature of the midlatitude tropospheric storm tracks in the surface winds. Journal of Climate, 23(5): 1160-1174.

Bosart L F, Papin P P, Bentley A M, et al. 2015. Large-scale antecedent conditions associated with 2014-2015 winter onset over North America and mid-winter storminess along the North Atlantic coast. 17th Cyclone Workshop, Pacific Grove, CA, Cyclone Workshop Organizing Committee.

Branstator G. 1985a. Analysis of general circulation model sea-surface temperature anomaly simulations using a linear model. Part I: Forced solutions. Journal of the Atmospheric Sciences, 42(21): 2225-2241.

Branstator G. 1985b. Analysis of general circulation model sea-surface temperature anomaly simulations using a linear model. Part II: Eigenanalysis. Journal of the Atmospheric Sciences, 42(21): 2242-2254.

Branstator G. 1990. Low-frequency patterns induced by stationary waves. Journal of the Atmospheric Sciences, 47(5): 629-648.

Branstator G. 1992. The maintenance of low-frequency atmospheric anomalies. Journal of the Atmospheric Sciences, 49(20): 1924-1945.

Brayshaw D J, Hoskins B, Blackburn M. 2008. The storm-track response to idealized SST perturbations in an aquaplanet GCM. Journal of the Atmospheric Sciences, 65(9): 2842-2860.

Bryan F O, Tomas R, Dennis J M, et al. 2010. Frontal scale air-sea interaction in high-resolution coupled climate models. Journal of Climate, 23(23): 6277-6291.

Cai M, Mak M. 1990. Symbiotic relation between planetary and synoptic scale waves. Journal of the Atmospheric Sciences, 47(24): 2953-2968.

Cai M, Yang S, Dool H, et al. 2007. Dynamical implications of the orientation of atmospheric eddies: A local energetics perspective. Tellus, 59(1): 127-140.

Catto J L, Jakob C, Berry G, et al. 2012. Relating global precipitation to atmospheric fronts. Geophysical Research Letters, 39: L10805.

Cayan D R. 1992. Latent and sensible heat flux anomalies over the northern oceans: Driving the sea surface temperature. Journal of Physical Oceanography, 22(8): 859-881.

Ceballos L I, Lorenzo E D, Hoyos C D, et al. 2009. North Pacific Gyre Oscillation synchronizes climate fluctuations in the eastern and western boundary systems. Journal of Climate, 22(19): 5163-5174.

Chan J C L. 2000. Tropical cyclone activity over the western North Pacific associated with El Niño and La Niña events. Journal of Climate, 13(16): 2960-2972.

Chang E K M. 1993. Downstream development of baroclinic waves as inferred from regression analysis. Journal of the Atmospheric Sciences, 50: 2038-2053.

Chang E K M. 2001. GCM and observational diagnoses of the seasonal and interannual variations of the Pacific storm track during the cool season. Journal of the Atmospheric Sciences, 58: 1784-1800.

Chang E K M. 2009. Are band-pass variance statistics useful measures of storm track activity? Re-examining storm track variability associated with the NAO using multiple storm track measures. Climate Dynamics, 33: 277-296.

Chang E K M, Fu Y. 2002. Interdecadal variations in Northern Hemisphere winter storm track intensity. Journal of Climate, 15(6): 642-658.

Chang E K M, Guo Y, Xia X. 2012. CMIP5 multimodel ensemble projection of storm track change under global warming. Journal of Geophysical Research: Atmospheres, 117: D23118.

Chang E K M, Lee S, Swanson K L. 2002. Storm track dynamics. Journal of Climate, 15: 2163-2183.

Chang E K M, Ma C, Zheng C, et al. 2016. Observed and projected decrease in Northern Hemisphere extratropical cyclone activity in summer and its impacts on maximum temperature. Geophysical Research Letters, 43(5): 2200-2208.

Chang E K M, Song S W. 2006. The seasonal cycles in the distribution of precipitation around cyclones in the western North Pacific and Atlantic. Journal of the Atmospheric Sciences, 63:

815-839.

Chelton D B, Schlax M G, Freilich M H, et al. 2004. Satellite measurements reveal persistent small-scale features in ocean winds. Science, 303(5660): 978-983.

Chen L, Jia Y, Liu Q. 2017a. Oceanic eddy-driven atmospheric secondary circulation in the winter Kuroshio Extension region. Journal of Oceanography, 73(3): 295-307.

Chen S. 2008. The Kuroshio Extension front from satellite sea surface temperature measurements. Journal of Oceanography, 64(6): 891-897.

Chen X, Zhong Z, Lu W. 2017b. Association of the poleward shift of East Asian subtropical upper-level jet with frequent tropical cyclone activities over the western North Pacific in summer. Journal of Climate, 30: 5597-5603.

Cordeira J M, Ralph F M, Moore B J. 2013. The development and evolution of two atmospheric rivers in proximity to western North Pacific tropical cyclones in October 2010. Monthly Weather Review, 141(12): 4234-4255.

Cronin M F, Pelland N A, Emerson S R, et al. 2016. Estimating diffusivity from the mixed layer heat and salt balances in the North Pacific. Journal of Geophysical Research: Oceans, 120(11): 7346-7362.

DeMaria M. 1996. The effect of vertical shear on tropical cyclone intensity change. Journal of the Atmospheric Sciences, 53: 2076-2088.

Deremble B, Lapeyre G, Ghil M. 2012. Atmospheric dynamics triggered by an oceanic SST front in a moist quasigeostrophic model. Journal of the Atmospheric Sciences, 69(5): 1617-1632.

Deser C, Alexander M A, Timlin M S. 1999. Evidence for a wind-driven intensification of the Kuroshio Current Extension from the 1970s to the 1980s. Journal of Climate, 12(6): 1697-1706.

Dole R M, Black R X. 1990. Life cycles of persistent anomalies. Part II: The development of persistent negative height anomalies over the North Pacific Ocean. Monthly Weather Review, 118: 824-846.

Egger J, Schilling H D. 1983. On the theory of the long-term variability of the atmosphere. Journal of the Atmospheric Sciences, 40: 1073-1085.

Fang J, Yang X Q. 2011. The relative roles of different physical processes in the unstable midlatitude ocean-atmosphere interactions. Journal of Climate, 24(5): 1542-1558.

Fang J, Yang X Q. 2016. Structure and dynamics of decadal anomalies in the wintertime midlatitude North Pacific ocean-atmosphere system. Climate Dynamics, 47: 1989-2007.

Faure V, Kawai Y. 2015. Heat and salt budgets of the mixed layer around the Subarctic Front of the North Pacific Ocean. Journal of Oceanography, 71(5): 1-13.

Feldstein S B. 2002. Fundamental mechanisms of PNA growth and decay. Quarterly Journal of the Royal Meteorological Society, 128: 775-796.

Foussard A, Lapeyre G, Plougonven R. 2018. Storm track response to oceanic eddies in idealized atmospheric simulations. Journal of Climate, 32(2): 445-463.

Foussard A, Lapeyre G, Plougonven R. 2019. Response of surface wind divergence to mesoscale SST anomalies under different wind conditions. Journal of the Atmospheric Sciences, 76(7): 2065-2082.

Frankignoul C, Sennéchael N. 2007. Observed influence of North Pacific SST anomalies on the atmospheric circulation. Journal of Climate, 20(3): 592-606.

Frankignoul C, Sennéchael N, Kwon Y O, et al. 2011. Influence of the meridional shifts of the Kuroshio and the Oyashio Extensions on the atmospheric circulation. Journal of Climate, 24(3): 762-777.

Gan B, Wu L. 2013. Seasonal and long-term coupling between wintertime storm tracks and sea surface temperature in the North Pacific. Journal of Climate, 26(16): 6123-6136.

Grams C M. 2011. Quantification of the Downstream Impact of Extratropical Transition for Typhoon Jangmi and Other Case Studies. Karlsruhe: KIT Scientific Publishing.

Grams C M, Archambault H M. 2016. The key role of diabatic outflow in amplifying the midlatitude flow: A representative case study of weather systems surrounding western North Pacific extratropical transition. Monthly Weather Review, 144: 3847-3869.

Ha Y, Zhong Z, Zhu Y, et al. 2013. Contributions of barotropic energy conversion to the northwest Pacific tropical cyclone during ENSO. Monthly Weather Review, 141: 1337-1346.

Harr P A, Archambault H. 2016. Dynamics, predictability, and high-impact weather associated with the extratropical transition of tropical cyclones//Li J, Swinbank R, Grotjahn R, et al. Dynamics and Predictability of Large-Scale, High-Impact Weather and Climate Events. Cambridge: Cambridge University Press.

Harr P A, Dea J M. 2009. Downstream development associated with the extratropical transition of tropical cyclones over the western North Pacific. Monthly Weather Review, 137: 1295-1319.

Harr P A, Elsberry R L, Hogan T F. 2000. Extratropical transition of tropical cyclones over the western North Pacific. Part II: The impact of midlatitude circulation characteristics. Monthly Weather Review, 128: 2634-2653.

Hawcroft M K, Shaffrey L C, Hodges K I, et al. 2012. How much Northern Hemisphere precipitation is associated with extratropical cyclones? Geophysical Research Letters, 39: L24809.

Hayes S P, Mcphaden M J, Wallace J M. 1989. The influence of sea-surface temperature on surface wind in the eastern equatorial Pacific: Weekly to monthly variability. Journal of Climate, 2(12): 1500-1506.

Higgins R W, Schubert S D. 1994. Simulated life cycles of persistent anticyclonic anomalies over the North Pacific: Role of synoptic scale eddies. Journal of the Atmospheric Sciences, 51: 3238-3260.

Hinman R. 1888. Eclectic Physical Geography. New York: American Book Company; Van Antwerp, Bragg & Co.

Horel J D, Wallace J M. 1981. Planetary-scale atmospheric phenomenon associated with the Southern Oscillation. Monthly Weather Review, 109: 813-829.

Hoskins B J, Karoly D J. 1981. The steady linear response of a spherical atmosphere to thermal and orographic forcing. Journal of the Atmospheric Sciences, 38: 1179-1196.

Hoskins B J, Valdes P J. 1990. On the existence of storm tracks. Journal of the Atmospheric Sciences, 47(15): 1854-1864.

Hotta D, Nakamura H. 2011. On the significance of the sensible heat supply from the ocean in the maintenance of the mean baroclinicity along storm tracks. Journal of Climate, 24(13): 3377-3401.

Huang F, Zhou F X, Qian X D. 2002. Interannual and decadal variability of the North Pacific blocking and its relationship to SST, teleconnection and storm tracks. Advances in Atmospheric Sciences, 19(5): 807-820.

Huang J, Zhang Y, Yang X Q, et al. 2020. Impacts of North Pacific subtropical and subarctic oceanic frontal zones on the wintertime atmospheric large-scale circulations. Journal of Climate, 33(5): 1897-1914.

Hurlburt H E, Metzger E J. 1998. Bifurcation of the Kuroshio Extension at the Shatsky Rise. Journal of Geophysical Research, 103(C4): 7549-7566.

Hurlburt H, Wallcraft A, Schmitz W, et al. 1996. Dynamics of the Kuroshio/Oyashio current using eddy-resolving models of the North Pacific Ocean. Journal of Geophysical Research, 101: 941-976.

Iwasaka N, Wallace J M. 1995. Large-scale air-sea interaction in the Northern Hemisphere from a view point of variations of surface heat flux by SVD analysis. Journal of the Meteorological Society of Japan, 73: 781-794.

Jacobs G A, Hurlburt H E, Kindle J C, et al. 1994. Decade-scale trans-Pacific propagation and warming effects of an El Niño anomaly. Nature, 370(6488): 360-363.

Jia Y, Chang P, Szunyogh I, et al. 2019. A modeling strategy for the investigation of the effect of mesoscale SST variability on atmospheric dynamics. Geophysical Research Letters, 46(7): 3982-3989.

Jiang Y X, Tan B K. 2015. Two modes and their seasonal and interannual variation of the baroclinic waves/storm tracks over the wintertime North Pacific. Advances in Atmospheric Sciences, 32(9): 1244-1254.

Jin F, Hoskins B J. 1995. The direct response to tropical heating in a baroclinic atmosphere. Journal of the Atmospheric Sciences, 52: 307-319.

Jones S C. 1995. The evolution of vortices in vertical shear. I: Initially barotropic vortices. Quarterly Journal of the Royal Meteorological Society, 121: 821-851.

Joyce T M. 1987. Hydrographic sections across the Kuroshio extension at 165°E and 175°W. Deep-Sea Research Part A: Oceanographic Research Papers, 34(8): 1331-1352.

Joyce T M, Kwon Y O, Yu L. 2009. On the relationship between synoptic wintertime atmospheric variability and path shifts in the Gulf Stream and the Kuroshio Extension. Journal of Climate, 22(12): 3177-3192.

Joyce T M, Schmitz W J. 1988. Zonal velocity structure and transport in the Kuroshio Extension. Journal of Physical Oceanography, 18(11): 1484-1494.

Kawai H. 1972. Hydrography of the Kuroshio Extension//Stommel H, Yoshida K. Kuroshio-Its Physical Aspects. Tokyo: University of Tokyo Press: 235-354.

Keller J H. 2017. Amplification of the downstream wave train during extratropical Transition: Sensitivity studies. Monthly Weather Review, 145: 1529-1548.

Keller J H, Grams C M. 2015. The extratropical transition of Typhoon Choi-Wan (2009) and its role in the formation of North American high-impact weather. 17th Cyclone Workshop, Pacific Grove, CA, Cyclone Workshop Organizing Committee.

Keller J H, Grams C M, Riemer M, et al. 2019. The extratropical transition of tropical cyclones. Part II: Interaction with the midlatitude flow, downstream impacts, and implications for predictability. Monthly Weather Review, 147: 1077-1106.

Kelly K A, Small R J, Samelson R M, et al. 2010. Western boundary currents and frontal Air-Sea interaction: Gulf Stream and Kuroshio Extension. Journal of Climate, 23(21): 5644-5667.

Kida S, Mitsudera H, Aoki S, et al. 2015. Oceanic fronts and jets around Japan: A review. Journal of Oceanography, 71(5): 469-497.

Kuwano-Yoshida A, Minobe S. 2017. Storm-track response to SST fronts in the northwestern Pacific region in an AGCM. Journal of Climate, 30(3): 1081-1102.

Kwon Y O, Alexander M A, Bond N A, et al. 2010. Role of the Gulf Stream and Kuroshio-Oyashio systems in large-scale atmosphere-ocean interaction: A review. Journal of Climate, 23(23): 3249-3281.

Kwon Y O, Joyce T M. 2013. Northern Hemisphere winter atmospheric transient eddy heat fluxes and the Gulf Stream and Kuroshio-Oyashio Extension variability. Journal of Climate, 26(24): 9839-9859.

Latif M, Barnett T P. 1994. Causes of decadal climate variability over the North Pacific and North America. Science, 266: 634-637.

Latif M, Barnett T P. 1996. Decadal climate variability over the North Pacific and North America: Dynamics and predictability. Journal of Climate, 9: 2407-2423.

Lau N C. 1978. On the three-dimensional structure of the observed transient eddy statistics of the Northern Hemisphere wintertime circulation. Journal of Atmospheric Sciences, 35(10): 1900-1923.

Lau N C. 1979. The structure and energetics of transient disturbance in the Northern Hemisphere wintertime circulation. Journal of Atmospheric Sciences, 36(6): 982-995.

Lau N C. 1988. Variability of the observed midlatitude storm tracks in relation to low-frequency changes in the circulation patterns. Journal of the Atmospheric Sciences, 45: 2718-2743.

Lau N C. 1997. Interactions between global SST anomalies and the midlatitude atmospheric circulation. Bulletin of the American Meteorological Society, 78: 21-33.

Lee S, Kim H K. 2003. The dynamical relationship between subtropical and eddy-driven jets. Journal of the Atmospheric Sciences, 60(12): 1490-1503.

Lee S S, Lee J Y, Wang B, et al. 2011. A comparison of climatological subseasonal variations in the wintertime storm track activity between the North Pacific and Atlantic: Local energetics and moisture effect. Climate Dynamics, 37: 2455-2469.

Lee S S, Lee J Y, Wang B, et al. 2012. Interdecadal changes in the storm track activity over the North Pacific and North Atlantic. Climate Dynamics, 39: 313-327.

Lee Y Y, Lim G H, Kug J S. 2010. Influence of the East Asian winter monsoon on the storm track activity over the North Pacific. Journal of Geophysical Research, 115: D09102.

Lin D, Huang W, Yang Z, et al. 2019a. Impacts of wintertime extratropical cyclones on temperature and precipitation over northeastern China during 1979-2016. Journal of Geophysical Research: Atmospheres, 124: 1514-1536.

Lin P, Liu H, Ma J, et al. 2019b. Ocean mesoscale structure-induced air-sea interaction in a high-resolution coupled model. Atmospheric and Oceanic Science Letters, 12(2): 98-106.

Lin P, Liu H, Wei X, et al. 2016. A coupled experiment with LICOM2 as the ocean component of CESM1. Journal of Meteorological Research, 30(1): 76-92.

Lindzen R S, Farrell B F. 1980. A simple approximation result for maximum growth rate of baroclinic instabilities. Journal of the Atmospheric Sciences, 37: 1648-1654.

Lindzen R S, Nigam S. 1987. On the role of sea surface temperature gradients in forcing low-level winds and convergence in the tropics. Journal of the Atmospheric Sciences, 44(17): 2418-2436.

Liu X, Chang P, Kurian J, et al. 2018. Satellite-observed precipitation response to ocean mesoscale eddies. Journal of Climate, 31(17): 6879-6895.

Luo D, Feng S, Wu L. 2016. The eddy-dipole mode interaction and the decadal variability of the Kuroshio extension system. Ocean Dynamics, 66(10): 1317-1332.

Luo D, Ge Y, Zhang W, et al. 2020. A unified nonlinear multiscale interaction model of Pacific-North American teleconnection patterns. Journal of the Atmospheric Sciences, 77(4): 1387-1414.

Ma X, Chang P, Saravanan R, et al. 2017. Importance of resolving Kuroshio front and eddy influence in simulating the North Pacific storm track. Journal of Climate, 30(5): 1861-1880.

Ma X, Zhang Y. 2018. Interannual variability of the North Pacific winter storm track and its relationship with extratropical atmospheric circulation. Climate Dynamics, 51: 3685-3698.

Meinshausen M, Smith S J, Calvin K, et al. 2011. The RCP greenhouse gas concentrations and their extensions from 1765 to 230. Climatic Change, 109: 213-241.

Miller A J, Cayan D R, Barnett T P, et al. 1994. Interdecadal variability of the Pacific Ocean: Model response to observed heat flux and wind stress anomalies. Climate Dynamics, 9: 287-302.

Miller A J, Cayan D R, White W B. 1998. A westward-intensified decadal change in the North Pacific thermocline and gyre-scale circulation. Journal of Climate, 11(12): 3112-3127.

Minobe S, Kuwano-Yoshida A, Komori N, et al. 2008. Influence of the Gulf Stream on the troposphere. Nature, 452: 206-209.

Minobe S, Miyashita M, Kuwano-Yoshida A, et al. 2010. Atmospheric response to the Gulf Stream: Seasonal variations. Journal of Climate, 23(13): 3699-3719.

Mizuno K, White W B. 1983. Annual and interannual variability in the Kuroshio current system. Journal of Physical Oceanography, 13(10): 1847-1867.

Molteni F, Ferranti L, Palmer T N, et al. 1993. A dynamical interpretation of the global response to equatorial Pacific SST anomalies. Journal of Climate, 6(5): 777-795.

Moore R W, Martius O, Davies H C. 2008. Downstream development and Kona low genesis. Geophysical Research Letters, 35: L20814.

Nakamura H. 1992. Midwinter suppression of baroclinic wave activity in the Pacific. Journal of the Atmospheric Sciences, 49(17): 1629-1642.

Nakamura H, Kazmin A S. 2003. Decadal changes in the north pacific oceanic frontal zones as revealed in ship and satellite observations. Journal of Geophysical Research: Oceans, 108(C3): 371-376.

Nakamura H, Sampe T. 2002. Trapping of synoptic-scale disturbances into the North-Pacific subtropical jet core in midwinter. Geophysical Research Letters, 29(16): 8-1-8-4.

Nakamura H, Sampe T, Goto A, et al. 2008. On the importance of midlatitude oceanic frontal zones for the mean state and dominant variability in the tropospheric circulation. Geophysical Research Letters, 35(15): 971-978.

Nakamura H, Sampe T, Tanimoto Y, et al. 2004. Observed associations among storm tracks, jet streams and midlatitude oceanic fronts. AGU Geophysical Monograph Series, 147: 329-346.

Neale R B, Richter J, Park S, et al. 2013. The mean climate of the community atmosphere model (CAM4) in forced SST and fully coupled experiments. Journal of Climate, 26(14): 5150-5168.

Nonaka M, Xie S P. 2003. Covariations of sea surface temperature and wind over the Kuroshio and its extension: Evidence for ocean-to-atmosphere feedback. Journal of Climate, 16(9): 1404-1413.

Norris J R. 2000. Interannual and interdecadal variability in the storm track, cloudiness, and sea surface temperature over the summertime North Pacific. Journal of Climate, 44(2): 422-430.

Ogawa F, Nakamura H, Nishii K, et al. 2012. Dependence of the climatological axial latitudes of the tropospheric westerlies and storm tracks on the latitude of an extratropical oceanic front. Geophysical Research Letters, 39(5): 578-594.

Oka E, Kouketsu S, Toyama K, et al. 2011. Formation and subduction of central mode water based on profiling float data, 2003-08. Journal of Physical Oceanography, 41(1): 113-129.

Oka E, Talley L D, Suga T. 2007. Temporal variability of winter mixed layer in the mid-to high-latitude North Pacific. Journal of Oceanography, 63(2): 293-307.

O'Reilly C H, Czaja A. 2015. The response of the Pacific storm track and atmospheric circulation to Kuroshio Extension variability. Quarterly Journal of the Royal Meteorological Society, 141(686): 52-66.

Orlanski I. 2005. A new look at the Pacific storm track variability: Sensitivity to tropical SSTs and to upstream seeding. Journal of the Atmospheric Sciences, 62(5): 1367-1390.

Orlanski I, Chang E K M. 1993. Ageostrophic geopotential fluxes in downstream and upstream development of baroclinic waves. Journal of the Atmospheric Sciences, 50(2): 212-225.

Orlanski I, Sheldon J P. 1995. Stages in the energetics of baroclinic systems. Tellus, 47(5): 605-628.

Overland J E, Adams J M, Bond N A. 1999. Decadal variability of the Aleutian low and its relation to high-latitude circulation. Journal of Climate, 12(5): 1542-1548.

Palmer T N. 1999. A nonlinear dynamical perspective on climate prediction. Journal of Climate, 12: 575-591.

Penny S, Roe G H, Battisti D S. 2010. The source of the midwinter suppression in storminess over the north Pacific. Journal of Climate, 23: 634-648.

Pfahl S, Wernli H. 2012. Quantifying the relevance of cyclones for precipitation extremes. Journal of Climate, 25: 6770-6780.

Pierini S. 2014. Ensemble simulations and pullback attractors of a periodically forced double-gyre system. Journal of Physical Oceanography, 44(12): 3245-3254.

Pierini S, Dijkstra H A, Riccio A. 2009. A nonlinear theory of the Kuroshio Extension bimodality. Journal of Physical Oceanography, 39(9): 2212-2229.

Pitcher E J, Blackmon M L, Bates G T, et al. 1988. The effect of North Pacific sea surface temperature anomalies on the January climate of a general circulation model. Journal of the Atmospheric Sciences, 45: 173-188.

Qiu B. 2000. Interannual variability of the Kuroshio extension system and its impact on the wintertime SST field. Journal of Physical Oceanography, 30: 1486-1502.

Qiu B. 2002. The Kuroshio Extension System: Its large-scale variability and role in the midlatitude ocean-atmosphere interaction. Journal of Oceanography, 58(1): 57-75.

Qiu B. 2003. Kuroshio Extension variability and forcing of the Pacific decadal oscillations: Responses and potential feedback. Journal of Physical Oceanography, 33(12): 2465-2482.

Qiu B. 2007. Coupled decadal variability in the North Pacific: An observationally-constrained idealized model. Journal of Climate, 20(14): 3602-3620.

Qiu B, Chen S. 2005. Variability of the Kuroshio Extension jet, recirculation gyre, and mesoscale eddies on decadal time scales. Journal of Physical Oceanography, 35(11): 2090-2103.

Qiu B, Chen S, Hacker P. 2004. Synoptic-scale air sea flux forcing in the western North Pacific: Observations and their impact on SST and the mixed layer. Journal of Physical Oceanography, 34(10): 2148-2159.

Qiu B, Chen S, Hacker P. 2007a. Effect of mesoscale eddies on subtropical mode water variability from the Kuroshio Extension System Study (KESS). Journal of Physical Oceanography, 37(4): 982-1000.

Qiu B, Chen S, Schneider N, et al. 2014. A coupled decadal prediction of the dynamic state of the Kuroshio Extension system. Journal of Climate, 27(4): 1751-1764.

Qiu B, Kelly K A. 1993. Upper-ocean heat balance in the Kuroshio Extension region. Journal of Physical Oceanography, 23(9): 2027-2041.

Qiu B, Schneider N, Chen S. 2007b. Coupled decadal variability in the North Pacific: An observationally-constrained idealized model. Journal of Climate, 20(14): 3602.

Qu T, Mitsudera H, Qiu B. 2001. A climatological view of the Kuroshio/Oyashio system east of Japan. Journal of Physical Oceanography, 31: 2575-2589.

Quinting J F, Jones S C. 2016. On the impact of tropical cyclones on Rossby wave packets: A climatological perspective. Monthly Weather Review, 144: 2021-2048.

Ren X J, Yang X Q, Chu C J. 2010. Seasonal variations of the synoptic-scale transient eddy activity and polar front jet over East Asia. Journal of Climate, 23: 3222-3233.

Révelard A, Frankignoul C, Sennéchael N, et al. 2016. Influence of the decadal variability of the Kuroshio Extension on the atmospheric circulation in the cold season. Journal of Climate, 29(6): 2123-2144.

Roden G I. 1998. Upper ocean thermohaline, oxygen, nutrient, and flow structure near the date line in the summer of 1993. Journal of Geophysical Research: Oceans, 103(C6): 12919-12939.

Sampe T, Nakamura H, Goto A, et al. 2010. Significance of a midlatitude SST frontal zone in the formation of a storm track and an eddy-driven westerly jet. Journal of Climate, 23(7): 1793-1814.

Sampe T, Xie S P. 2007. Mapping high sea winds from space. Bulletin of the American Meteorological Society, 88(12): 1965-1978.

Sardeshmukh P D, Hoskins B J. 1988. The generation of global rotational flow by steady idealized tropical divergence. Journal of the Atmospheric Sciences, 45: 1228-1251.

Schlundt M, Brandt P, Dengler M, et al. 2014. Mixed layer heat and salinity budgets during the onset of the 2011 Atlantic cold tongue. Journal of Geophysical Research: Oceans, 119(11): 7882-7910.

Schmitz W J. 1984. Observations of the vertical structure of the eddy field in the Kuroshio Extension. Journal of Geophysical Research: Oceans, 89(C4): 6355-6364.

Schmitz W J, Holland W R. 1986. Observed and modeled mesoscale variability near the Gulf Stream and Kuroshio Extension. Journal of Geophysical Research: Oceans, 91(C8): 9624-9638.

Schubert S D, Park C K. 1991. Low-frequency intraseasonal tropical-extratropical interactions. Journal of the Atmospheric Sciences, 48: 629-650.

Seager R, Naik N, Ting M, et al. 2010. Adjustment of the atmospheric circulation to tropical Pacific SST anomalies: Variability of transient eddy propagation in the Pacific-North America sector. Quarterly Journal of the Royal Meteorological Society, 136(647): 277-296.

Simmons A J. 1982. The forcing of stationary wave motion by tropical diabatic heating. Quarterly Journal of the Royal Meteorological Society, 108: 503-534.

Simmons A J, Hoskins B J. 1978. The life cycles of some nonlinear baroclinic waves. Journal of the Atmospheric Sciences, 35(3): 414-432.

Simmons A J, Wallace J M, Branstator G W. 1983. Barotropic wave propagation and instability, and atmospheric teleconnection patterns. Journal of the Atmospheric Sciences, 40(6): 1363-1392.

Skamarock W C. 2008. A description of the advanced research WRF version 3. NCAR Technical Note, 113: 7-28.

Small R J, Deszoeke S P, Xie S P, et al. 2008. Air-sea interaction over ocean fronts and eddies. Dynamics of Atmospheres and Oceans, 45(3): 274-319.

Small R J, Tomas R A, Bryan F O. 2013. Storm track response to ocean fronts in a global high-resolution climate model. Climate Dynamics, 43(3-4): 805-828.

Sugimoto S, Hanawa K. 2009. Decadal and interdecadal variations of the Aleutian Low activity and their relation to upper oceanic variations over the North Pacific. Journal of the Meteorological Society of Japan, 87(4): 601-614.

Sugimoto S, Hanawa K. 2010. Impact of Aleutian Low activity on the STMW formation in the Kuroshio recirculation gyre region. Geophysical Research Letters, 37: L03606.

Sun X, Tao L, Yang X Q. 2018. The influence of oceanic stochastic forcing on the atmospheric response to midlatitude North Pacific SST anomalies. Geophysical Research Letters, 45(17): 9297-9304.

Taguchi B, Nakamura H, Nonaka M, et al. 2009. Influences of the Kuroshio/Oyashio Extensions on air-sea heat exchanges and storm-track activity as revealed in regional atmospheric model simulations for the 2003/04 cold season. Journal of Climate, 22(24): 6536-6560.

Taguchi B, Nakamura H, Nonaka M, et al. 2012. Seasonal evolutions of atmospheric response to decadal SST anomalies in the North Pacific subarctic frontal zone: Observations and a coupled model Simulation. Journal of Climate, 25(1): 111-139.

Taguchi B, Xie S P, Schneider N, et al. 2007. Decadal variability of the Kuroshio Extension: Observations and an eddy-resolving model hindcast. Journal of Climate, 20(11): 2357-2377.

Takatama K, Minobe S, Inatsu M, et al. 2012. Diagnostics for near-surface wind convergence/ divergence response to the Gulf Stream in a regional atmospheric model. Atmospheric Science Letters, 13(1): 16-21.

Tanimoto Y, Kanenari T, Tokinaga H, et al. 2011. Sea level pressure minimum along the Kuroshio and its extension. Journal of Climate, 24: 4419-4434.

Taylor K E, Stouffer R J, Meehl G A. 2012. An overview of CMIP5 and the experiment design. Bulletin of the American Meteorological Society, 93: 485-498.

Ting M, Lau N C. 1993. A diagnostic and modeling study of the monthly mean wintertime anomalies appearing in a 100-year GCM experiment. Journal of the Atmospheric Sciences, 50: 2845-2867.

Torn R D, Hakim G J. 2015. Comparison of wave packets associated with extratropical transition and winter cyclones. Monthly Weather Review, 143: 1782-1803.

Trenberth K E. 1990. Recent observed interdecadal climate changes in the Northern Hemisphere. Bulletin of the American Meteorological Society, 71(7): 377-390.

Trenberth K E, Smith L. 2009. The three dimensional structure of the atmospheric energy budget: Methodology and evaluation. Climate Dynamics, 32(7): 1065-1079.

Ulbrich U, Leckebusch G C, Pinto J G, et al. 2009. Extra-tropical cyclones in the present and future climate: A review. Theoretical and Applied Climatology, 96(1-2): 117-131.

van Scoy K A, Olson D B, Fine R A. 1991. Ventilation of North Pacific intermediate waters: The role of the Alaskan gyre. Journal of Geophysical Research: Oceans, 96(C9): 16801-16810.

Wai M K, Stage S A. 1989. Dynamical analyses of marine atmospheric boundary layer structure near the Gulf Stream oceanic front. Quarterly Journal of the Royal Meteorological Society, 115(485): 29-44.

Wallace J M, Gutzler D S. 1981. Teleconnections in the geopotential height field during the Northern Hemisphere winter. Monthly Weather Review, 109: 784-812.

Wallace J M, Mitchell T P, Deser C. 1989. The influence of sea-surface temperature on surface wind in the eastern equatorial Pacific: Seasonal and interannual variability. Journal of Climate, 2: 1492-1499.

Wang B, Chan J C L. 2002. How strong ENSO events affect tropical storm activity over the western North Pacific. Journal of Climate, 15: 1643-1658.

Wang L Y, Hu H B, Yang X Q. 2019. The atmospheric responses to the intensity variability of subtropical front in the wintertime North Pacific. Climate Dynamics, 52: 5623-5639.

Wang L Y, Yang X Q, Yang D J, et al. 2017. Two typical modes in the variabilities of wintertime North Pacific basin-scale oceanic fronts and associated atmospheric eddy-driven jet. Atmospheric Science Letters, 18(9): 373-380.

Wang Y, Yang X, Hu J. 2016. Position variability of the Kuroshio Extension sea surface temperature front. Acta Oceanologica Sinica, 35(7): 30-35.

Waterman S, Hogg N G, Jayne S R. 2011. Eddy-mean flow interaction in the Kuroshio Extension region. Journal of Physical Oceanography, 41(6): 1182-1208.

Wettstein J J, Wallace J M. 2010. Observed patterns of month-to-month storm-track variability and their relationship to the background flow. Journal of the Atmospheric Sciences, 67(5): 1420-1437.

Wu G X, Liu H, Chen F, et al. 1994. Transient eddy transfer and formation of blocking high-on the persistently abnormal weather in the summer of 1980. Acta Meteorologica Sinica, 52(3): 308-320.

Wu L, Cai W, Zhang L, et al. 2012. Enhanced warming over the global subtropical western boundary currents. Nature Climate Change, 2: 161-166.

Wyrtki K. 1975. Fluctuations of the dynamic topography in the Pacific Ocean. Journal of Physical Oceanography, 5(3): 450-459.

Xie S P. 2004. Satellite observations of cool ocean atmosphere interaction. Bulletin of the American Meteorological Society, 85(2): 195-208.

Yamagata T, Shibao Y, Umatani S I. 1985. Interannual variability of the Kuroshio Extension and its relation to the Southern Oscillation/El Niño. Journal of the Oceanographical Society of Japan, 41: 274-281.

Yang Y, Liang X S, Qiu B, et al. 2017. On the decadal variability of the eddy kinetic energy in the Kuroshio Extension. Journal of Physical Oceanography, 47(5): 1169-1187.

Yao Y, Zhong Z, Yang X Q. 2016. Numerical experiments of the storm track sensitivity to oceanic frontal strength within the Kuroshio/Oyashio Extensions. Journal of Geophysical Research: Atmospheres, 121(6): 2888-2900.

Yao Y, Zhong Z, Yang X Q. 2018a. Influence of the subarctic front intensity on the midwinter suppression of the North Pacific storm track. Dynamics of Atmospheres and Oceans, 81: 63-72.

Yao Y, Zhong Z, Yang X Q. 2018b. Impacts of the subarctic frontal zone on the North Pacific storm track in the cold season: An observational study. International Journal of Climatology, 38(5): 2554-2564.

Yao Y, Zhong Z, Yang X Q, et al. 2018c. Seasonal variation of the North Pacific storm-track relationship with the Subarctic frontal zone intensity. Dynamics of Atmospheres and Oceans, 83: 75-82.

Yao Y, Zhong Z, Yang X Q, et al. 2017. An observational study of the North Pacific storm-track impact on the midlatitude oceanic front. Journal of Geophysical Research: Atmospheres, 122(13): 6962-6975.

Yao Y, Zhong Z, Yang X Q, et al. 2019. Seasonal variations of the relationship between the North Pacific storm track and the meridional shifts of the subarctic frontal zone. Theoretical and Applied Climatology, 136: 1249-1257.

Yao Y, Zhong Z, Yang X Q, et al. 2020. Future changes in the impact of North Pacific midlatitude oceanic frontal intensity on the wintertime storm track in CMIP5 models. Journal of Meteorological Research, 34(6): 1199-1213.

Yasuda I. 1997. The origin of the North Pacific intermediate water. Journal of Geophysical Research: Oceans, 102(C1): 893-909.

Yasuda I. 2003. Hydrographic structure and variability in the Kuroshio-Oyashio transition area. Journal of Oceanography, 59(4): 389-402.

Yatsu A. 2019. Review of population dynamics and management of small pelagic fishes around the Japanese Archipelago. Fisheries Science, 85(4): 611-639.

Yin J H. 2005. A consistent poleward shift of the storm tracks in simulations of 21st century climate. Geophysical Research Letters, 32: L18701.

You Y, Suginohara N, Fukasawa M, et al. 2000. Roles of the Okhotsk Sea and Gulf of Alaska in forming the North Pacific intermediate water. Journal of Geophysical Research: Oceans, 105(C2): 3253-3280.

Yu L, Jin X, Weller R. 2008. Multidecade global flux datasets from the objectively analyzed air-sea fluxes (OAFlux) Project: Latent and sensible heat fluxes, ocean evaporation, and related surface meteorological variables. Woods Hole Oceanographic Institution.

Zappa G, Shaffrey L C, Hodges K I, et al. 2013. A multimodel assessment of future projections of North Atlantic and European extratropical cyclones in the CMIP5 climate models. Journal of Climate, 26(16): 5846-5862.

Zhang C, Liu H, Li C, et al. 2019. Impacts of mesoscale sea surface temperature anomalies on the meridional shift of North Pacific storm track. International Journal of Climatology, 39(13): 5124-5139.

Zhang J, Luo D. 2017. Impact of Kuroshio Extension dipole mode variability on the North Pacific storm track. Atmospheric and Oceanic Science Letters, 10: 389-396.

Zhang Y, Ding Y, Li Q. 2012. A climatology of extratropical cyclones over East Asia during 1958-2001. Acta Meteorologica Sinica, 26(3): 261-277.